大型抽水蓄能电站
硬岩掘进机（TBM）
施工技术

张学清　主编

中国电力出版社
CHINA ELECTRIC POWER PRESS

内 容 提 要

本书根据我国 TBM 施工技术的发展以及抽水蓄能地下隧洞的施工现状，以河南洛宁抽水蓄能电站为例，从设计方案优化、TBM 研制、TBM 现场施工组织等方面深入分析了抽水蓄能应用小洞径 TBM、大洞径 TBM、斜井 TBM、竖井 SBM 的可行性，本书总结了抽水蓄能行业现阶段对 TBM 的研究成果，可为其他抽水蓄能工程提供参考。

本书是一本全面、系统、可读性强的专业书籍，对从事抽水蓄能电站设计、建设和管理的人员具有一定的参考价值。

图书在版编目（CIP）数据

大型抽水蓄能电站硬岩掘进机（TBM）施工技术/张学清主编. —北京：中国电力出版社，2021.5
ISBN 978-7-5198-5395-2

Ⅰ. ①大… Ⅱ. ①张… Ⅲ. ①抽水蓄能水电站–工程施工 Ⅳ. ①TV743

中国版本图书馆 CIP 数据核字（2021）第 033130 号

出版发行：中国电力出版社
地　　址：北京市东城区北京站西街 19 号（邮政编码 100005）
网　　址：http://www.cepp.sgcc.com.cn
责任编辑：孙建英（010-63412369）　董艳荣
责任校对：黄　蓓　王海南
装帧设计：赵姗姗
责任印制：吴　迪

印　　刷：北京瑞禾彩色印刷有限公司
版　　次：2021 年 5 月第一版
印　　次：2021 年 5 月北京第一次印刷
开　　本：787 毫米×1092 毫米　16 开本
印　　张：15
字　　数：228 千字
印　　数：0001—1000 册
定　　价：150.00 元

编　委　会

主　　编　张学清

副 主 编　朱安平　刘建峰　张兴彬

编写人员　何万成　杜　藏　梁　飞　殷　康

　　　　　王炳豹　张建国　朱静萍　刘云龙

　　　　　姜立篇　方　婷　张　钿　宋振聪

　　　　　龚振如

前言

　　抽水蓄能电站具有调峰填谷、调频调相、事故备用等重要功能，为电网安全稳定、高质量供电提供着重要保障，也为风电、光电等清洁能源大规模并网消纳提供重要支撑。2021 年 3 月，党中央提出要构建以新能源为主体的新型电力系统，抽水蓄能是目前技术最为成熟的大规模储能方式，是以新能源为主体的新型电力系统的重要组成部分，对保障电力系统安全稳定运行，促进新能源消纳，构建清洁、低碳、安全、高效的能源体系，更好地服务"碳达峰、碳中和"具有重要意义，加快发展抽水蓄能是保障新能源健康发展的有效途径。现阶段，我国抽水蓄能电站装机比例与发达国家相比仍存在较大差距，日本抽水蓄能装机占比为 8.5%，意大利、德国、法国等装机占比在 3.5%～6.6%之间，截至 2018 年底我国抽水蓄能电站装机占比仅为 1.6%，远低于日本和欧洲，未来一段时间，我国抽水蓄能仍将处于快速发展阶段。

　　掘进机技术在我国已渡过自主探索制造、引进消化吸收阶段，进入自主创新阶段。近年来，我国制造的掘进机在量和质上都有较大突破，多项产品打破世界纪录，受到了世界各国的欢迎和青睐，逐渐成为"一带一路"新国货。我国制造的掘进机已远销新加坡、马来西亚、意大利、法国、波兰、澳大利亚等国家，并连续多年产销量世界第一。

　　抽水蓄能电站拥有进厂交通洞、通风兼安全洞、自流排水洞、排水廊道、排风排烟竖井、引水隧洞、尾水隧洞等庞大复杂的地下洞室群，目前，我国抽水蓄能电站地下洞室施工以人工钻爆法施工为主，存在施工安全风险大、作业环境恶劣、机械化程度低、施工效率低、质量控制难等问题，掘进机法施工有望解决传统钻爆法的一系列问题，极大改善地下洞室施工状况，有助于抽水蓄能电站安全高质量发展。掘进机技术在抽水蓄能建设领域的研究应用，有助于我国抽水蓄能行业设计、施工和 TBM 制造业水平的共同提升。

本书以河南洛宁抽水蓄能电站为例，从 TBM 设备制造、设计方案优化、施工组织等方面对进厂交通洞、通风兼安全洞、引水斜井、引水调压室、自流排水洞、排水廊道等洞室 TBM 施工工法进行深入分析，总结掘进机技术在抽水蓄能电站地下洞室应用的优缺点以及推广需要解决的问题。

本书总结了河南洛宁抽水蓄能有限公司、中国电建集团中南勘测设计院有限公司、中铁电建重型装备制造有限公司的研究成果，编写过程中得到了国网新源控股有限公司、中国中铁工程装备集团有限公司及有关专家的大力支持和帮助，在此一并表示感谢。希望本书的出版，能够起到抛砖引玉的作用，帮助更多读者了解并推动掘进机技术在抽水蓄能领域的应用，共同促进我国抽水蓄能电站设计、施工和掘进机制造业水平的提升，推动我国抽水蓄能和掘进机制造业高质量发展。

限于本书作者个人能力和水平的局限，书中难免存在疏漏之处，恳请广大读者批评指正。

编　者

2021 年 3 月

目录

第 1 章

TBM 概述与分类

1.1　TBM 概述

掘进机（tunnel boring machine，TBM）是通过开挖并推进式前进实现隧洞成型且带有周边壳体的专用机械设备。TBM 主要分为盾构机、岩石隧洞掘进机、顶管机等类型。国际上将隧洞掘进机统称为 TBM，在国内习惯将用于软土地质开挖的隧洞掘进机称为盾构机，而将用于硬岩地质开挖的岩石隧洞掘进机称为 TBM。

TBM 是一种大型隧洞专用机械设备，其单纯依靠硬岩滚刀刀具实现对掌子面的滚压破岩，能同时完成开挖、出渣、支护等作业，实现"工厂化"施工，配合长距离连续皮带机技术可以实现连续掘进，极大地提高了隧洞的开挖效率。TBM 掘进姿态的控制主要依靠导向系统完成测量和定位信息的实时表达，然后利用掘进机本身的调向功能完成 TBM 的姿态纠正，确保 TBM 始终沿隧洞设计轴线的允许偏差向前掘进。TBM 隧洞的支护方式与机型相关，不同机型有不同的支护方式，对应不同的支护设备。在超前地质探测方面，主要包括设备本身安装的超前钻机系统和近年来逐渐发展成熟的电磁波法、地震波法等相关技术。

TBM 与盾构机的最大区别在于工作模式和支护方式的不同，尤其以工作模式最为显著，如果分别用两个字来描述，那么盾构机的重点在于"平衡"，TBM 的重点在于"破岩"。但无论怎么说，掘进机始终是与看不到的地质情况做斗争，如何适应地质条件，如何降低施工的风险，是 TBM 和盾构机研发所面对的共同课题。

随着 TBM 技术的不断发展，采用 TBM 施工无论是在施工效率、施工安全、生态环境、工程质量方面，还是在人力资源的配置方面，都比钻爆法有了质的飞跃，这是 TBM 的优势，但是地质环境是复杂且难以准确预判的，对一些突发的不良地质条件，TBM 在机动灵活性方面还有很多不足之处。另外，对于特定且明确的地质环境，例如存在大型岩溶暗河发育的隧洞、高地应力岩爆、软岩大变形隧洞、可能发生较大规模突水涌泥的隧洞等，若采用 TBM 施工，必须进行有针对性的特殊设计，做到应对风险有准备、有预案、有措施，保障 TBM 施工的安全。

从设备操作方面，TBM 虽然从设计上可以考虑配置各种先进的机械设备，但是其操作还需要人来完成，重要的是 TBM 施工不仅要求操作人员有较高的设备认知水平，而且还要对地质情况有一定的预判能力，需要既懂设备、又懂地质的复合型人才。

1.2 TBM 破岩机理

在完整、密实和均一的岩石中，刀具的刀刃在巨大的推力作用下切入岩体，形成割痕，刀刃顶部的岩石在巨大的压力下急剧压缩，随着刀盘回转和滚刀滚动，岩石先被破碎成粉状，然后急剧在刀刃顶部范围形成粉核区。刀刃侵入岩石和刀刃的两侧劈入岩体，在岩石结合力薄弱处形成许多微裂纹。随着滚刀切入岩石深度的加大，岩粉不断充入微裂纹，由于微裂纹端部容易应力集中，所以微裂纹逐渐扩展成显裂纹。当显裂纹与相邻刀具作用产生的显裂纹交汇或显裂纹发展到岩石表面时就形成了岩石断裂体。在产生断裂体的同时，各断裂体相互之间会形成一些粒度较小的碎裂体从掌子面落入洞底进入铲斗，受断裂体与刀盘及相互间的碰撞作用，又会产生新的断裂体的岩粉。岩石断裂体一般具有以下特征：

（1）厚度：$\delta = 50mm$。

（2）宽度：$a = \lambda$（刀间距）$- b$（刀刃宽）。

（3）长度：$L = 0 \sim 100mm$。

（4）裂纹角：$\alpha = 18° \sim 30°$。

TBM 破岩机理如图 1-1 所示，其中 p 为刀盘切入岩石厚度，s 为刀盘刀间距。

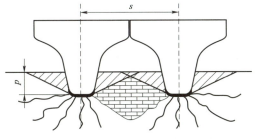

图 1-1　TBM 破岩机理

1.3　TBM 分类

从广义来讲，TBM 主要分为敞开式、单护盾和双护盾 3 种机型，分别适用于不同的地质条件。随着技术的进步，也衍生出一些适用于其他复杂地质条件的机型，例如双模式 TBM（土压 - 敞开、泥水 - 敞开）、通用紧凑型 TBM（DS universal compact TBM）、跨越式 TBM（crossover TBM）等。

1.3.1　敞开式 TBM

敞开式 TBM 在稳定性较好的坚硬地层中掘进，具有较快的掘进速度。当遇到局部不稳定的围岩时，使用 TBM 附带的辅助设备，可通过安装锚杆、立钢拱，加钢筋网、钢筋排，喷混凝土等方法加固，以保持围岩稳定；当遇到局部软弱围岩及破碎带时，则可用超前钻机及灌浆设备预先固结前方围岩，待围岩强度达到自稳后，再快速掘进通过；必要时，也可灵活方便地采取其他辅助工法提前处理，然后敞开式 TBM 步进通过。

1. 敞开式 TBM 的优点

应对完整性较好的硬岩时，敞开式 TBM 通过水平撑靴提供掘进反力，掘进与支护同步进行，掘进效率高；应对断层破碎或软岩收敛地质时，敞开式 TBM 护盾较短且可收缩，卡盾风险较低。

2. 敞开式 TBM 的缺点

在岩爆地层中掘进时，由于人员及设备裸露在围岩下，所以安全性较差；在断层破碎带、软弱地层中掘进时，支护、清渣工作量大，掘进效率较低，在大直径隧洞中尤为严重。

根据结构形式的不同，敞开式 TBM 分为主梁式（如图 1-2、图 1-3 所示）和凯式（如图 1-4、图 1-5 所示）两种。

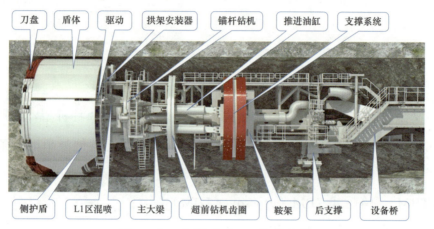

图 1-2　主梁式 TBM 基本结构

图 1-3　主梁式 TBM

图 1-4 凯式 TBM 基本结构

图 1-5 凯式 TBM

1.3.2 双护盾 TBM

双护盾 TBM（如图 1-6、图 1-7 所示）是一种在掘进过程中可将带刀盘的前护盾整体向前推进的隧洞掘进机。双护盾 TBM 以管片衬砌作为初期或永久性支护，既适用于软岩地层也适用于硬岩地层。双护盾 TBM 具有两种工作模式，即双护盾模式和单护盾模式。当围岩条件较好时，采用双护盾模式，利用撑靴提供反推力，掘进与管片安装同步进行，掘进速度快；围岩条件较差时，可采用单护盾模式，依靠管片提供反推力，仍然可以保持较高的掘进速度。

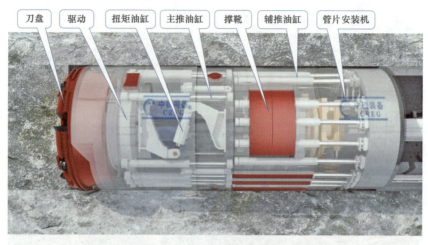

刀盘　驱动　扭矩油缸　主推油缸　撑靴　辅推油缸　管片安装机

图 1-6　双护盾 TBM 基本结构

图 1-7　双护盾 TBM

1. 双护盾 TBM 的优点

双护盾 TBM 应对完整性较好的硬岩时，通过水平撑靴提供掘进反力，掘进与管片安装同步进行，掘进效率高；在断层破碎、软弱地层时，采用单护盾模式，利用管片提供推进反力通过不良地质洞段；在岩爆地层中掘进时，人员及设备在衬砌管片的保护下，比较安全。

2. 双护盾 TBM 的缺点

双护盾后体较长且不可伸缩，在通过断层破碎带、软岩大变形地层时，卡机风险较高，且不易处理。

3. 双护盾 TBM 与敞开式 TBM 不同点

双护盾 TBM 采用管片支护，没有喷锚设备；双护盾 TBM 没有主梁和后支撑，采用封闭式盾体结构，TBM 掘进和人员作业全部在盾体和管片保护下进行；双护盾 TBM 盾体较长，敞开式 TBM 盾体较短。

1.3.3　单护盾 TBM

单护盾 TBM（如图 1-8、图 1-9 所示）是整个机器都在一个护盾下进行保护，支护工作可在护盾盾壳内完成，与洞壁没有任何接触的隧洞掘进机。单护盾 TBM 以管片衬砌作为初期或永久性支护，主要用于软弱围岩占比较高的地层，由于没有撑靴支撑，掘进推力靠盾体尾部的推进油缸支撑在管片上获得，即掘进机的前进靠推进油缸支撑管片以获得前进的推力，TBM 的掘进和管片拼装在盾体保护下进行。由于单护盾 TBM 掘进依靠衬砌管片来提供推力，所以在安装管片的时候必须停止掘进。TBM 掘进和管片拼装不能同步进行，因此掘进速度受到限制，掘进效率相对较慢。

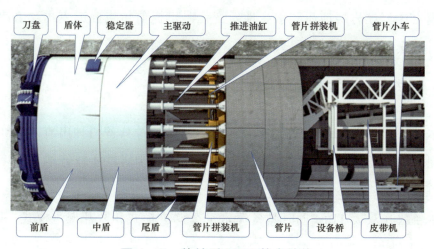

图 1-8　单护盾 TBM 基本结构

图 1-9　单护盾 TBM

1.3.4　其他类型

1.3.4.1　土压-敞开双模 TBM

土压-敞开双模 TBM（如图 1-10、图 1-11 所示）是一种具备两种出渣方式（螺旋输送机出渣和皮带机输送机出渣），可同时适应软弱地层、围岩较差地层和硬岩地层的多功能隧洞掘进机。设备同时具备土压平衡掘进模式和敞开掘进模式。双模 TBM 在岩层地质和水文地质变化时可提前转换掘进模式及出渣方式，以减小对配套施工的干扰，降低工程风险，缩短施工工期。

1.3.4.2　泥水-敞开双模 TBM

泥水-敞开双模 TBM（如图 1-12 所示）是一种具备两种出渣方式（皮带机出渣和泥水排浆管出渣），可同时适应高水压地层和围岩性质较好地层的多功能隧洞掘进机。

泥水-敞开双模 TBM 同时具备泥水平衡掘进模式和敞开掘进模式，其主机结构如图 1-12 所示。

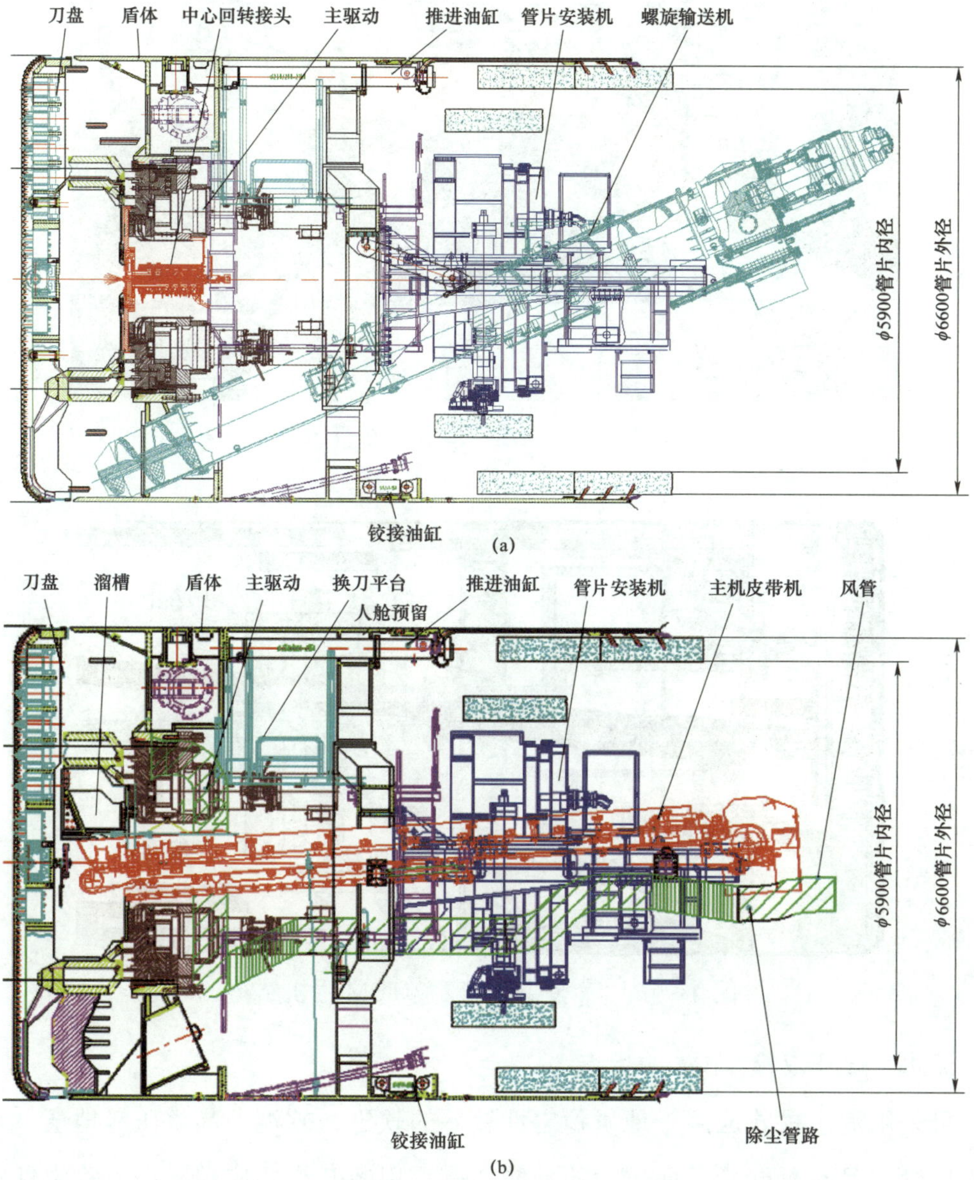

图 1-10　土压 - 敞开双模 TBM 基本结构

（a）土压 - 螺旋输送机出渣模式；（b）敞开 - 皮带机输送机出渣模式

图 1－11　土压－敞开双模 TBM

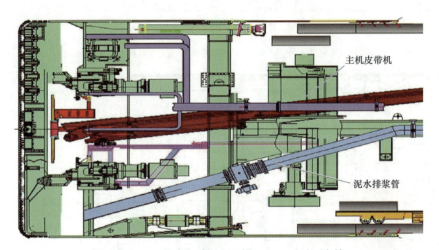

图 1－12　泥水－敞开双模 TBM 主机结构

泥水－敞开双模 TBM 的优点：

可采用泥水模式应用于地质稳定性较差的软土、软泥、高水压等地层，设备带压掘进，具有平衡掌子面压力的功能；可采用敞开模式应用于地质稳定性较好的硬岩地层，设备可常压掘进，降低了隧洞施工的成本。

1.3.4.3　通用紧凑型 TBM

通用紧凑型 TBM 基本结构如图 1－13 所示。集敞开式 TBM 和双护盾 TBM

的优点，利用双护盾 TBM 平台，既能采用锚喷支护，又能采用管片支护，解决了强支护地层下敞开式 TBM 的不足和稳定围岩下双护盾 TBM 不拼管片的支护问题。

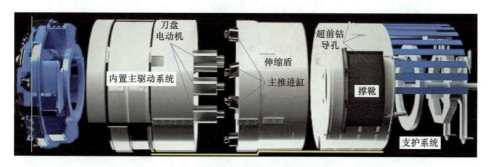

图 1-13　通用紧凑型 TBM 基本结构

在隧洞地质勘测不完全的情况下，或者存在不可预见的不良地质条件下，如在撑靴位置有局部小规模塌方，普通敞开式 TBM 的撑靴无法有效地撑紧洞壁，通用紧凑型 TBM 则可以通过辅助推进方式快速通过，大大提高在局部塌方的情况下 TBM 的通过能力。通用紧凑型 TBM 可以实现敞开式 TBM 具有的支护功能，同时也可以快速实施敞开式 TBM 不具备的支护手段，如在破碎条件下进行钢瓦片支护，通用紧凑型 TBM 的钢拱架、钢瓦片均在盾体内部完成，提升了作业安全性，便于质量控制。敞开式 TBM 撑靴在初期支护后部，因此需要避开支护结构，避免破坏支护；通用紧凑型 TBM 的撑靴在支护前部，可以有效避免破坏支护的问题。

1.3.4.4　跨越式 TBM

跨越式 TBM（如图 1-14 所示）是罗宾斯公司于 2015 年提出的概念，实际上是多模式 TBM 的罗宾斯版本，可以实现设备在敞开式与平衡式操作模式间迅速转换，以适应不同的地层类型。

跨越式 TBM 主要包括 XRE（硬岩-土压双模 TBM）、XSE（泥水-土压双模式 TBM）以及 XRS（硬岩-泥水双模 TBM）3 种类型，可根据地层条件的需要，选择最适合的机型，灵活地从一种模式切换到另一种模式，以应对不同地层环境。

图 1-14　跨越式 TBM

1.4　TBM 适应性分析

对于长大隧洞，地下工程的复杂性伴随着隧洞地质的复杂性，对设备的适应性提出了更高要求。施工前要尽可能详细地调查地质情况，这是设备选型的前置条件，即具体的地质条件→合理的设备选型。定型后的设备也在一定程度上限制了设备的地质适应范围。因为受外部环境、调查手段等多方面限制，所以目前还不能对隧洞所穿越地层做到全面、准确地调查和量化判定。在设备选型时，由于各行业对开挖及支护等的需求不同，目前还存在一定分歧，尚不能达成普遍共识。但经过近 20 年的实践，总结出国内 TBM 施工的精髓——"地质是前提，设备是关键，组织是核心，技术是保障"，并得到了业界的普遍认同。

1. 地质是前提

提高 TBM 的适应性，首先通过使用地质条件、使用要求来决定掘进机机型的选择。大量的工程实践证明，TBM 施工对地质调查工作的质量依赖性非常大。掘进机掘进受阻通常受地质、水文、支护的及时有效性、设备的快速通过能力等因素的影响，然而这些因素占比较小或缺乏客观定量预判的未知风险时，往往被低估或被忽略。因此，事前的投入和准备可以起到事半功倍的作用，翔实、准确的地质调查以及客观、充分的风险评估是 TBM 施工成功的关键和前提。长大隧洞沿线地形地貌、水文地质、围岩特性、地质构造、断层特性、隧洞埋深、浅埋地段稳定性等因素决定着合理选线和施工方案及应对措施的科学制定。对长大和地质条件十分复杂的隧洞，应进行大面积的区域地质调查、测绘，并加强地质勘探和试验工作，查清区域地质构造及水文地质条件。当地下水丰富时，应进行地下水动态勘察，必要时要通过相应地段的隧洞进行调查、观测和试验，判断和确认围岩状态及其性质。工程地质特征（如地层、岩性及地质构造特征，地质构造变化的性质、类型、规模，断层、节理、软弱结构面特征及其与隧洞的组合关系，地下水状况、单位时间内流量，围岩的基本物理性质等参数）与掘进机的选型配套和掘进施工息息相关。

同时，从地质与掘进施工对应关系角度，可从宏观、微观两方面进行简要阐述。宏观上，地质条件是设备选型的根本依据和基本遵从，隧洞功能要求、设计理念和衬砌的结构形式需与 TBM 选型相匹配；从微观角度，围岩类别、岩石的各项物理性能指标、不良地质段或不利结构面的具体性状及分布特点等决定了设备应具备的基本功能和相关针对性设计，在施工过程中也决定着掘进参数和应对措施的合理选择。

2. 设备是关键

第一，根据工程地质条件和使用要求进行合理的设备选型是工程成败的关键。掘进机机型的选择主要由地质条件、使用要求来决定，根据施工要求及衬砌结构形式可以确定使用护盾型或敞开式。在确定机型后，要针对具体工程地质条件、掘进机掘进长度，确定传动型式、主要技术参数，选择对地层的适应性强、整机功能可靠、可操作性较强的主机，敞开式掘进还要注意进行岩石支护设备的选型和配套。后配套设备以及洞外辅助设备的技术参数、功能、形式也在很大程度上影响着主机能力的发挥，因此也要认真进行比选，它们除满足基本工况要求外，也要考虑有适当余地。

第二，TBM 施工除了主机外，还要有后配套设备协同作业（主机的驱动、润滑、水、电气系统等；出渣、进料运输系统；主机的辅助设备，如除尘系统、支护系统等）。只有后配套与主机协调匹配工作，才能圆满完成掘进机各项工作，其中某一环节的脱节，将影响全局的施工，这是一项很严密的系统工程。原则上设备的匹配组合以 TBM 主机能力、进度为标准进行核算，特定工序所用设备应选用专用设备，为发挥群机效应选用质优的匹配设备。

第三，对于大型机械化施工，有针对性地进行设备的保养维护和预测可能发生的故障，保证设备的正常工作，减少因突发故障造成意外停机，提高设备的完好率和掘进利用率，是掘装机施工组织管理工作的核心。

第四，在长大隧洞施工中，因 TBM 后退的距离有限或不能后退，当遭遇不良或灾害性地质时，需要对设备进行针对性设计，并充分发挥设备性能优势。如软岩大变形地段，需要充分利用围岩发生大变形的时空效应规律快速通过，若错失将极易造成卡机事故，特别是在护盾式 TBM 施工中。同时，由于设备充斥于开挖断面内或受工法本身的限制，其他辅助设施的作业空间受到限制，有些特殊措施无法有效或高效实施，进而导致施工效率低下。因此，施工队伍的选择和科学的施工组织管理也是掘进机法顺利实施的关键。

3．组织是核心

第一，充分发挥掘进机在施工中的速度优势是使用掘进机的主要选择依据。设备利用率的高低反映了掘进机在工程施工中的综合水平，除地质因素外，也反映了设备使用者的综合组织管理水平。因此，在 TBM 掘进施工中，应紧紧抓住主要问题，即如何保证和提高基于大部分适合 TBM 掘进的地质段的设备利用率，加强现场工序管理，不断总结各类围岩段的应对措施经验及各工序间的组织规律，合理组织，科学管理，快速形成高效生产能力，最大限度发挥设备的群机效能，这是 TBM 施工现场组织最为核心的关键所在。

第二，隧洞施工中不确定因素众多，地质条件变化频繁。由于地下工程本身具有一定的未知性，施工单位掘进施工管理水平的高低，取决于已知地质资料和实际地质条件一致的情况下的正常施工能力，也取决于面对变化多样的地质条件，施工管理和施工组织的应变能力。采用掘进机在不良地质段施工的能力往往成为制约工期的关键环节。因此，在地质适应性评估、针对性设计和丰富施工经验基础上，前期的精心筹划和施工过程中科学合理的组织管理是 TBM 施工的重点所在。根据不良地质段的不同，特别是对掘进影响较大的长大不良地质地段或工程重难点，应结合现场条件提前充分考虑，能提前平行处理的尽可能提前处理；不能处理的，要提前做好快速通过方案、应急措施。国际上普遍认为，有经验的、善于管理的施工单位，可以降低困难地质条件、变化多样的地质条件以及未知的地质条件带来的风险。如果没有掘进机的施工经验和管理能力，面对这些风险，可能会造成投资费用的增加、工期的延长，甚至整个工程方案的变更，损失巨大，这种实例在国内外都曾发生。

第三，充分、合理的临时设施，可靠的施工，风、水、电供应及科学、合理的现场场地布置等，也是现场高效组织的重要组成部分。

4. 技术是保障

为充分发挥掘进机的掘进效率，除必须保证相关材料的物资供应外，还应建立施工技术、设备维护保养、故障检测诊断等技术保障系统。技术保障贯穿于掘进施工的全过程。技术保障的内容包括施工技术管理、设备维护技术、系统培训以及岗位培训等。在具体工作中包括地质条件变化的反馈、支护措施、设备使用和其状态记录以及故障分析处理等数据信息的统计与管理。

庞大的掘进机设备是完成工程的主体，日常生产都是围绕或依赖设备正常工作而展开的，因而设备的维护保养成为保障施工生产运作的重要组成部分，保证设备的正常运转靠维修保障人员的努力。为充分发挥掘进机设备效能，掘进机法施工支护要求"准确预判，宁强勿弱，一次到位"。根据地质资料、施工过程中掘进参数的变化、岩渣分析等，及时掌握或预判地质变化情况，结合类似或以往工程施工经验，综合判断洞室稳定性，合理选择或调整掘进参数，合理设定支护参数，采取配套措施及时有效地应对，都需要施工人员的丰富经验和合理判断。在施工过程中，在地质条件无法预判或精确量化等不确定因素下，及时、有效的 TBM 施工及支护更需要在施工技术和现场快速组织方面具有丰富经验的管理人员的强力支撑。

综上所述，采用掘进机施工，提高其使用适应性以及促使隧洞工程成功的关键在于：通过项目建设单位、设计单位、掘进机制造商、施工承包商的共同研究和决策，正确选择适用于拟施工隧洞地质条件的掘进机，依靠质量可靠、功能齐配的掘进机以及一支能力强、经验丰富的施工队伍，在施工的全过程中进行合作、解决争议、识别风险并设法降低风险，这是相关各方共同的责任和目标。

1.4.1　TBM 适用的地质范围

在发挥掘进速度的前提下，TBM 适用的主要地质范围如下：

（1）敞开式 TBM 主要适用于较完整岩体、有较好的自稳性的硬岩地层（岩石单轴抗压强度为 50～150MPa）。采取有效支护手段并经论证，也可以适用于软岩隧洞，但掘进速度应予以限制。

以Ⅱ、Ⅲ级围岩为主的硬岩隧洞较适合采用敞开式 TBM 施工。敞开式 TBM 采用有效支护手段后，也可用于软岩隧洞。在敞开式 TBM 上，可配置钢拱架安装器和喷锚等辅助设备，以适应地质条件的变化。敞开式 TBM 有顶护盾和底护盾，可以进行安全施工，如遇局部不稳定的围岩，使用 TBM 所附带的辅助设备通过打锚杆、挂钢筋网片、喷混凝土、架设拱架等手段进行初期支护，以保持洞壁稳定；当遇到局部软弱围岩或破碎带时，可用 TBM 附带的超前钻探及灌浆设备，预先固结前方上部周围的围岩，待围岩达到自稳后，再进行掘进。采用敞开式 TBM 施工时，永久性衬砌一般待全线贯通后集中进行。采用敞开式 TBM 施工，掘进过程中可直接观测到洞壁岩性变化，便于地质图描绘。当所掌握的水文地质资料不充分时，采用敞开式 TBM 可充分发挥出它能运用新奥法理论及时进行支护的优势。此外，小直径敞开式 TBM 可配合钻爆法进行双线（大断面）隧洞的先行掘进。

（2）双护盾式 TBM 主要适用于较完整、有一定自稳性的软岩-硬岩地层（岩石单轴抗压强度为 30～90MPa）。

以Ⅲ级围岩为主的隧洞较适合采用双护盾式 TBM 施工。双护盾式 TBM 一般适用于中-高强度、稳定性基本良好隧洞，对岩石强度变化有较好的适应性。

双护盾式 TBM 具有两种掘进模式，既适用于软岩隧洞掘进，也适用于硬岩隧洞掘进。当岩石的单轴饱和抗压强度在 30～90MPa 时最理想。在围岩稳定性较好的硬岩隧洞中掘进时，撑靴紧撑洞壁，为主推进油缸提供反力，使 TBM 向前推进，刀盘的反扭矩由两个位于支撑盾的反扭矩油缸提供，掘进与管片安装同步进行。此时 TBM 作业循环为掘进与安装管片→撑靴收回换步→再支撑→再掘进与安装管片。在软岩隧洞中掘进时，洞壁岩石不能为水平支撑提供足够的支撑力，支撑系统与主推进系统不再使用，伸缩护盾处于收缩位置。刀盘掘进时的扭矩反力由盾壳与围岩的摩擦力矩提供，刀盘的推力由辅助推进油缸支撑在管片上提供，TBM 掘进与管片安装不能同步。此时 TBM 作业循环为掘进→辅助推进油缸收回→安装管片→再掘进。

（3）单护盾式 TBM 主要适用于有一定自稳性的软岩地层（岩石单轴抗压强度为 5～60MPa）。单护盾式 TBM 较适应Ⅲ、Ⅳ级围岩的隧洞，常用于有一定自稳性的软岩及中等长度隧洞施工，在围岩稍差时，它可发挥较快的掘进速度，相比于双护盾式 TBM 可减少投资。

1.4.2　TBM 适应性分析

1.4.2.1　地质适应性分析

1. 影响 TBM 掘进效能的工程地质及水文地质条件

详细、可靠的岩层地质及水文地质资料是 TBM 工程项目成功的基本条件，直接决定了工程的成败。工程地质及水文地质资料决定了项目采用 TBM 是否可行、TBM 的设备选型、TBM 的主要技术参数、辅助施工设备的选择和应急预案的制订。

工程地质及水文地质资料必须详细、准确、可靠。隧洞施工遇到的困难通常是由隧洞掘进通过地层的岩土性质的不均匀性决定的。由于全断面、机械化开挖方式灵活性差，所以以适当的方式事先掌握工程的工程地质及水文地质条件对TBM 施工是极为重要的。国内外大量的施工实例已经证明，用在前期勘察上的资金会因施工费用降低与工期缩短得到很大的补偿。只有掌握详细、准确、可靠的工程地质及水文地质资料，才能正确进行 TBM 选型，才能制订有针对性的施工专项措施。

以下几种地质条件一般不适合采用 TBM 施工，如果在这些地质条件下使用 TBM 施工，在掘进时将造成很大的困难，必须采用其他的技术措施辅助施工：

（1）塑性地压大的软弱围岩。这种围岩因其岩石强度低而围压高，容易产生大的塑性变化，TBM 极易被卡住。

（2）高压涌水地段。严重的漏水、涌水将使围岩的工程地质条件大大恶化，给 TBM 施工带来困难。

（3）岩溶发育带。当 TBM 通过强烈岩溶发育带时，很有可能遇到暗河通道、充水溶洞或者巨大的岩溶洞穴，TBM 掘进或者通过都将十分困难，严重时 TBM 会陷入其中或被埋，后果将是灾难性的。

（4）极强岩爆。地应力高且埋深大的隧洞，例如埋深超过 1500m 时，极有可能遇到极强岩爆的发生，严重危及施工人员及设备安全，甚至因造成 TBM 的致命损坏而使工程遭遇失败。

（5）极硬岩。依照目前的 TBM 技术水平，如果岩石的单轴抗压强度超过 300MPa，且具有高磨蚀性、节理不发育时，TBM 很难向前推进，且极不经济。

2. 影响 TBM 掘进效能的主要岩体力学性质

（1）单轴抗压强度。单轴抗压强度是在单向受压条件下，岩石试件破坏时的极限压应力值，它是 TBM 破岩的一个重要指标，也是影响 TBM 掘进效率的关键因素之一。TBM 适合掘进的岩石抗压强度为 5～150MPa，且应具有一定的自稳能力，TBM 最适合掘进抗压强度为 30～150MPa 的岩石。若岩石的单轴抗压强度小于 30MPa，滚刀贯入度大，不易产生挤压带，达不到破岩效果；若岩石单轴抗压强度大于 150MPa，且节理不发育时，TBM 掘进速度将明显下降，同时滚刀消耗变大，刀盘磨损、振动、焊缝开裂等现象也会明显加剧，刀盘维修、刀具检查和换刀时间将大大增加，计算工期时必须考虑该因素的影响。

（2）岩石的硬度和耐磨性。岩石中长石、石英等耐磨性较强成分的含量和颗粒大小是影响岩石硬度和耐磨性的主要因素，其含量越高，岩石的硬度越大，耐磨性越强，则掘进过程中滚刀的磨损就越快，滚刀消耗与施工成本就越高；与此同时，停机检查刀具、换刀时间增加，将严重降低 TBM 的掘进速度。

（3）岩体结构面发育程度及方位。岩体的结构面包括片理、小断层、节理、层理等，其发育程度，即岩体的裂隙化程度或完整程度，也是影响 TBM 掘进效率的关键因素之一。通常，用岩体体积节理系数 J_V、岩体完整性系数 K_V 或岩石质量指数 RQD 来表征结构面发育程度。TBM 掘进速度的高低主要取决于岩体的完整程度，并以较完整和较破碎状态（岩体完整性系数 K_V 为 0.45～0.75）为最佳适用范围。

1.4.2.2　各类 TBM 施工风险、不利影响因素分析及处理措施

1. 敞开式 TBM 主要施工风险及不利影响因素

（1）敞开式 TBM 开挖后只能进行初期支护，为不影响掘进速度，避免施工干扰，后续二次衬砌须待 TBM 转场或全部掘进完成后才能进行作业，这样使得开挖区间长时间处于只有初期支护的状态。

（2）TBM 在通过围岩破碎带时，需要提前采取围岩加固措施，这会增加较多的超前加固措施及辅助处理措施，将会较大影响掘进速度。

（3）TBM 在通过软弱破碎带时，因为接地比压不足，所以 TBM 撑靴将会打滑或下陷失效，无法正常掘进。

2. 护盾式 TBM 主要施工风险及不利影响因素

（1）护盾式 TBM 为开敞模式（非平衡模式），在通过土层、软土等不稳定地层时施工风险很大，且出渣较困难。

（2）护盾式 TBM 适应小曲线半径的能力较差。

（3）管片预制需要设置管片场，存在投资大、占地大、模具较多、管片费用高等问题。

（4）单护盾 TBM 的前进动力通过油缸顶推后续管片来实现，要求管片必须

紧跟，掘进与管片拼装不能同步进行，对掘进速度造成一定的影响。

（5）双护盾 TBM 机体较长，且存在前、后护盾和中间伸缩盾，如遇岩层较破碎段、坍塌段、变形段，TBM 容易被卡，施工掉块可能损坏推进油缸，严重时甚至无法掘进，施工灵活性不强。

（6）若开挖洞室洞周收敛变形较大，双护盾 TBM 开挖通过后机器会因洞周收敛而卡住。

3. 对风险及不利影响因素采取的工程措施

根据以上对各种类型 TBM 可能存在的风险及不利影响因素的分析，提出规避风险及减少不利影响所采取的工程措施，具体见表 1－1。

表 1－1   TBM 风险及不利因素处理措施

TBM 类型	风险及不利因素	处理措施
敞开式 TBM	二次衬砌滞后时间较长，初期支护长时间暴露	加强现场施工管理，及时跟进指导。加强施工监控量测，发现异常及时补强；具备条件时及时施工二次衬砌
	通过围岩破碎带地段需要提前加固	利用 TBM 自身的超前钻机进行超前注浆支护，并在设备通过后加强初期支护以保证围岩的稳定
	软弱破碎带接地比压不足造成 TBM 撑靴打滑或下陷失效，无法正常掘进	在撑靴位置打锚杆并注浆加固围岩或采取加垫枕木、钢模板等辅助措施，增大撑靴受力面积，避免出现反力不足、推靴深陷的情况
护盾式 TBM	难以适应半径小于 500m 的曲线段	缩短换步距离、减小管片宽度、增设扩挖刀，以"短掘进、大超挖"的方式，并以折线代曲线逐渐通过。但会导致 TBM 设备费用增加、隧洞施工难度增大、掘进速度降低、管片类型增多、工程投资增加较大等问题
	掘进与管片拼装不能同步进行，影响掘进速度	在地质条件具备时，尽量采用六边形管片，可实现同步作业
	机体较长，容易被卡住，处理复杂地质地段的措施相对较少，灵活性不大，影响掘进速度	通过超前地质预报，前方如遇断层破碎带等不良地质地段，提前从盾体内进行超前加固
	须设置管片预制场，占地大，模具多，投资大，费用高	管片场应因地制宜，结合周边具体情况设置；尽量采用通用楔形环管片设计，加大循环长度，模具国产化，降低管片生产成本

第 2 章

TBM 应用及发展

2.1　TBM 发展历程

在国外，掘进机法施工已得到广泛应用，在长大隧洞、重要隧洞工程中采用掘进机的比例相当高，随着设备技术的完善、施工成本的降低，有越来越多的中等长度的隧洞也采用掘进机施工，很多工程还基于环保的要求，明确规定承包商必须采用掘进机施工。掘进机法施工在我国已渡过初期尝试阶段，随着各行业承包商施工经验的积累和我国制造业自主研发水平、设计制造能力的不断提高，现已打破完全依靠进口的桎梏，掘进机法凭借修筑长大隧洞在速度、质量上的优势以及在高原高寒地带施工的不可替代性，正沐浴着"一带一路"的春风，我国的掘进机事业已快速步入蓬勃发展的中级阶段，并逐渐成为引领世界隧洞掘进法修筑及掘进机制造的排头兵。

1825 年 Marc Isambard Brunel 爵士发明了盾构法并用于泰晤士河隧洞的开挖。所谓盾构法，就是利用遮蔽掩护结构来保障人员、设备及周围环境不受损失的隧洞开挖方法。如今无论是盾构机还是 TBM，它们的盾体都仍然在履行着这样的使命。

比利时工程师 Henri-Joseph Maus 发明的刨山机被认为是世界上第一台 TBM。1845 年 Henri-Joseph Maus 接到萨丁尼亚国王的委任，在法国和意大利之间修建穿越阿尔卑斯山的 Fréjus 铁路隧洞。Henri-Joseph Maus 于 1846 年在意大利都灵附近的兵工厂中制造出了这台 TBM。该机器前部如火车头般大小，安装有超过 100 个冲击钻头。由于项目融资受到影响，导致这条隧洞直到 10 年后才得以修建完成。然而该项目并未将 TBM 投入生产，实际上使用的是创新较少、费用较低的风钻开挖隧洞的方法。

在美国，使用铸铁制造的首台 TBM 在 1853 年被用于开挖马萨诸塞州西北的胡沙克隧洞。该机器由 Charles Wilson 发明并申请了专利。其动力由蒸汽提供，在掘进 3048mm 后出现故障，最终胡沙克隧洞在二十多年后使用传统方法完成开挖。Charles Wilson 发明的机器是现代 TBM 的先驱，它布置了滚刀，像圆盘耙一样附在机器旋转头上。与传统的凿岩或钻爆相比，这种借助金属轮施加瞬态高压的创新方式能够更好地破碎岩体。

世界上第一台在实际意义上投入隧洞开挖的 TBM 发明于 1863 年，由英国军官 Frederick Edward Blackett Beaumont 在 1875 年改进［如图 2-1（a）所示］，而后由英国军官 Thomas English 于 1880 年对该机器再次进行改进［如图 2-1（b）所示］。1875 年法国国民议会批准在英吉利海峡海底修建隧洞，同时英国议会允许进行实验性隧洞开挖。Thomas English 的机器被选用到该项目上。1882—1883 年，这台机器穿过白垩系地层，开挖了 1.84km。法国工程师 Alexandre Lavalley 使用一台相似的机器从法国侧开挖了 1.669km。虽然机器开挖顺利，但在 1883 年英国军方担心这条隧洞可能成为法军入侵的通道，故终止了英吉利海峡项目。同年，这台机器被用于开挖一条直径 2.1m、长 2km、穿越墨西河的伯肯黑德和利物浦之间铁路的通风隧洞（地层为砂岩）。

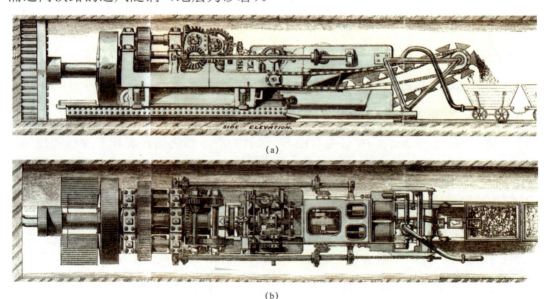

图 2-1 改进的 TBM

（a）Frederick Edward Blackett Beaumont 改进的 TBM；（b）Thomas English 改进的 TBM

在 19 世纪末和 20 世纪初，发明者不断地设计、制造和试验 TBM，来满足铁路隧洞、地铁、污水隧洞、输水隧洞等设施修建的需求。布置有钻或锤的旋转机构的 TBM 被申请了专利，仿巨型孔锯的 TBM 也被设计了出来。此外，外表面带有金属齿的旋转鼓式 TBM、覆盖截齿的旋转圆形板式 TBM 以及覆盖有金属齿的旋转带式 TBM 等也被设计出来。然而这些 TBM 具有造价高、笨重以及不能开挖硬岩等缺点，使得业主和工程师们开发 TBM 的兴趣有所下降。不过应用于钾肥矿和煤矿领域隧洞开挖的 TBM 开发得到了持续，原因是钾肥矿和煤矿地层更软一些。

20 世纪 50 年代，很多 TBM 成功地应用在采煤行业。1952 年 James Robbins 接到任务，要求使用 TBM 在美国南达科他州奥阿希坝建造一条隧洞。James Robbins 的 TBM 刀盘上配备了刮刀和滚刀来开挖页岩，项目取得了成功。之后 James Robbins 说服了数个项目业主和承包商来支持他的实验。James Robbins 用于奥阿希坝的 TBM 更像是一台带有旋转刀盘的软土盾构。与现代 TBM 相比，James Robbins 的机器引入了两个重要的基础概念：① 能够切削掌子面的旋转刀盘；② 能够保护人员和设备的盾体，且隧洞支护材料可以在其里面安装。现代 TBM 都是基于以上概念不断改善而来的。

针对切削岩石，人们早期的想法是使用开挖钻井时用到的圆柱齿，或者是使用采矿时用到的截齿。然而随着技术创新和基础研究的进步，人们开始关注开挖岩石最好的方法——使用盘形滚刀。现在，这种破岩方式被认为是理所当然的选择，但这是经过多年实验和现场经验积累而来的。

在 20 世纪 50 年代，加拿大多伦多一个项目对 TBM 设计产生了重要影响。刚开始该项目 TBM 既配置有固定刀具又有盘形滚刀，但是根据项目进展，当拆卸固定刀具后，机器的掘进速度并没有降低。由此得出盘形滚刀可以同时切槽和在槽内破岩的结论。

1961 年 TBM 研发应用的另外一个重大突破是 Tasmania 水电站项目，该项目中使用的 TBM 配置了盘形滚刀和浮动撑靴。这台 TBM 掘进性能良好，结构设计几近成熟。

2.2　国内外 TBM 应用现状

2.2.1　国外 TBM 发展历史及现状

1970 年，为了应对欧洲破碎围岩山岭隧洞，单护盾 TBM 被开发出来。1972 年，双护盾 TBM 成功问世。此后，单护盾 TBM 和双护盾 TBM 成功用于世界上多个项目。

北美地区的 TBM 生产商主要是美国罗宾斯公司。罗宾斯公司在推动 TBM 技术成熟过程中起到了重要作用。许多厂家借鉴了罗宾斯公司主梁式 TBM（也被称为撑靴式 TBM）的结构设计。罗宾斯公司的主梁式、单护盾、双护盾等 TBM 机型在世界上应用广泛。2015 年罗宾斯公司推广跨越式 TBM（双模式 TBM），展示在传统强项 TBM 外，其产品、技术多元化发展的能力。加拿大罗瓦特公司也曾生产过少量 TBM，2008 年该公司被卡特彼勒公司收购，由于财务困难等原因，2014 年 5 月卡特彼勒宣布不再接受隧洞掘进机订单。2014 年 9 月中国辽宁三三工业公司收购了卡特彼勒加拿大隧道设备有限公司资产。

在欧洲地区，1967 年德国维尔特公司为奥地利 Ginzling 隧洞生产了第一台 TBM，该 TBM 直径为 2.14m。维尔特公司典型的 TBM 产品与常规的撑靴式不同，采用双"X"形支撑，能够降低在软弱或破碎岩层段的应用风险。与常规楔块式安装的滚刀不同，维尔特滚刀多为端盖式结构，具有较高的承载力。2013 年维尔特公司将隧洞掘进机、竖井钻机及刀具知识产权出售给中铁工程装备集团有限公司（以下简称"中铁装备"）。

德国海瑞克公司成立于 1977 年，其在 1990 年为瑞士 Bozberg 隧洞生产的一台单护盾 TBM 是该公司的第一台 TBM。2001 年，海瑞克公司获得圣哥达基线隧洞 4 台撑靴式 TBM 合同，该项目的成功为其后续全系列 TBM 产品发展奠定了基础。

意大利的塞利公司和法国的 NFM 公司也生产过 TBM。塞利公司也使用 TBM 施工，在 TBM 卡困救援方面具有丰富的经验。NFM 公司岩石 TBM 机型相对没有其软土盾构更为行业所熟知。

澳大利亚 TBM 生产商 TERRATEC 成立于 1990 年，具备设计和制造 TBM 的能力。TERRATEC 在印度和泰国等新兴市场已成为重要的 TBM 供应商，且在欧洲等成熟市场也实现了持续销售。2018 年 10 月，TERRATEC 公司完成向日本盾构机生产商 JIMT 公司转让 51% 股份的手续，JIMT 公司成为 TERRATEC 公司的控股股东。

日本盾构厂商、施工企业对软土盾构的技术发展做出了重大贡献。日本几个主要生产厂家合计生产过上万台盾构机（TBM 主要包括盾构机、岩石隧洞掘进机、顶管机等类型。国际上将隧洞掘进机统称为 TBM；而在我国，习惯将用于软土地质开挖的隧洞掘进机称为盾构机，而将用于硬岩地质开挖的岩石隧洞掘进机称为 TBM），但设计生产的 TBM 较少。TBM 于 1964 年被引入日本，到 2019 年应用案例已超过 160 项，但是日本山岭隧洞的地质条件不像其他国家那样匀质岩层持续区间长，而是存在很多断层破碎带。在这种出现较多不良岩层的隧洞中，采用 TBM 施工是比较困难的，于是造成 TBM 在日本的应用普及较为缓慢。不过一直以来，为了应对日本特有的复杂地层，适应各种施工条件，日本 TBM 制造商在不断地对 TBM 及其支护方法进行开发、改进。根据 TBM 隧洞用途分类，日本约八成的 TBM 施工案例为下水道、水力发电站引水隧洞等水工隧洞，公路、铁路隧洞的案例基本上是开挖超前导洞。日本大部分 TBM 施工项目为小断面隧洞工程，直径超过 7m 的 TBM 施工项目仅有 4 项，且用于公路隧洞施工的只有东海北陆高速公路飞弹隧洞项目。飞弹隧洞是日本东海北陆机动车道飞弹清见 IC－白川乡 IC 区间全长 10.7km 的一条高速公路隧洞，为日本第 3、世界第 22 长的公路隧洞（排名截至 2020 年 9 月），单洞双线通车。隧洞贯穿最高峰海拔 1744m 的山脉，最大覆土厚度达到 1000m，水压为 5.4MPa，最大涌水量为 70t/min。主隧洞采用由川崎重工、小松制作所、三菱重工、日立造船联合制造的直径 12.84m 的 TBM 开挖。该工程在主隧洞 TBM 正式施工前，预先采用直径 4.5m 的 TBM 开挖了一条导洞。导洞 TBM 于 1998 年 2 月掘进，攻克了不良地质和大量高压涌水的难题，于 2006 年 3 月贯通。根据导洞 TBM 的施工数据，主隧洞避开了岩石强度低、变形变位大以及大量涌水的不良地质区间。2004 年 1 月，从开挖面自立性较好的、距白川侧洞门 2945m 处开始掘进，2007 年 1 月顺利贯通，共掘进 4290m。

当前 TBM 技术发展已经非常成熟，围岩切削、出渣及隧洞支护等基本功能已经十分完善可靠，超前地质预报、超前注浆、机器运行状态监测等辅助功能已得到普遍应用。TBM 广泛应用于交通工程、水利工程、人防工程等隧洞的施工。尤其是对于长距离隧洞开挖，其经济性、安全性、环境友好等优势更显突出。

2.2.2　国内 TBM 发展历史及现状

TBM 在我国的发展历程可分为自主探索制造、引进消化吸收、自主研发创新三个时期。

2.2.2.1　自主探索制造

1964 年上半年，水利电力部水利水电建设总局要求上海水力发电勘测设计院（现三峡集团上海勘测设计研究院有限公司前身）机械设计室、北京水利水电学院（现华北水利水电大学前身）机电系分别进行 TBM 方案设计。1964 年底水利电力部水利水电建设总局认为上海勘测设计院和北京水利水电学院的方案各有优点，综合为一个设计方案。1965 年成立以上海勘测设计院机械设计室为主，新安江水电工程局、北京水电规划院以及北京水利水电学院师生人员组成的约 30 人设计小组，半年后初步完成全部图纸设计。同年 10 月第一机械工业部、水利电力部共同组织 TBM 协作制造攻关分配会，100 多家工厂参与，制造厂挂在上海水工机械厂。1966 年制造出 SJ34 型 3.4m TBM，先后在杭州人防工程、云南下关的西洱河水电站引水隧洞进行工业性试验，开挖地层为花岗片麻岩及石灰岩，抗压强度为 100～240MPa，最高月进尺为 48.5m。除了上海水工机械厂，国内其他部门和单位也先后研制 50 多台 TBM。经过实践，大多不能使用、掘进效率低或不具备耐久性，主要问题是刀圈材质、主轴承、密封等质量可靠性不高。我国第一代 TBM 的诞生，尽管实现了从无到有的突破，但与同期国外 TBM 相比还有很大差距。

20 世纪 70 年代中期，国家科学技术委员会组建了全国掘进机办公室，组织力量针对掘进机研制和应用中存在的问题进行攻关，同时加强与国外技术专家交流、加大对技术资料的收集和消化。在总结第一代 TBM 经验基础上，展开 SJ58A、

SJ58B、EJ30/32 等第二代 TBM 的研制工作。SJ58A、SJ58B 由上海水工机械厂研制，刀盘直径为 5.8m，1982—1984 年应用于引滦入唐隧洞开挖，总掘进 2723m，最高月进尺 213.4m，平均月进尺 92.5m。EJ30 由煤炭科学研究院上海分院设计，上海第一石油机械厂制造，刀盘直径为 3.0m，1977—1982 年先后在江西萍乡、河北迁西、山西怀仁进行施工，总掘进 2633m，最高月进尺 218.3m。

国内在 TBM 自主探索阶段对机器进行了研制和改进，虽然机器性能还不能与同期国外机器相比，但为 TBM 设计制造积累了经验并培养了人才。

2.2.2.2　引进消化吸收

1985—2012 年是我国 TBM 技术引进消化吸收阶段。随着改革开放的深入，允许国外承包商携带先进 TBM 设备和施工技术进入我国，如引大入秦由意大利 CMC 公司使用罗宾斯 TBM 取得了成功；引黄入晋由 Impregilo 公司使用美国罗宾斯公司和法国 NFM 公司的设备取得了成功。引黄南干线水利工程（1997—2002 年）平均月进尺 784m，最高月进尺达 1821.49m。

国内承包商使用国外制造的 TBM 进行施工始于秦岭隧洞。1996 年铁道部引进 2 台直径 8.8m 的维尔特敞开式 TBM，由中铁隧洞局和中铁十八局完成秦岭隧洞（南口 TBM 掘进长度为 5.6km、北口 TBM 掘进长度为 5.2km）、磨沟岭隧洞（TBM 掘进长度为 4.65km）和桃花铺隧洞（TBM 掘进长度为 6.2km）施工。国内承包商开始学习消化和应用研究国外的 TBM，并逐渐建立了自主施工人员队伍。2005—2009 年辽宁大伙房水库输水一期工程由辽宁水利工程局、北京振冲公司和中铁隧洞局引进 3 台 TBM 开展施工（北京振冲公司和辽宁水利工程局用罗宾斯公司 TBM 开挖，中铁隧洞局由维尔特的再制造 TBM 开挖）。国内承包商在使用 TBM 施工过程中，由于地质或设备原因也遇到过一些困难。山西水利工程局采用海瑞克 TBM 在开挖新疆大坂引水工程时遇到了滚刀失效、卡机、管片破裂等问题，造成了长时间的停机。青海引大入湟引水工程 TBM 发生严重卡机、姿态偏离等问题。中天山铁路隧洞工程使用的是经过改造过的 TBM，由于一些部件超期服役，在使用过程中出现了主轴承损坏，并在洞内完成大齿圈修复。

罗宾斯公司先后与上海隧洞工程股份有限公司、中国第二重型机械集团公司等开展 TBM 联合制造，赛利公司和天业通联重工股份有限公司联合制造的 TBM 用于埃塞俄比亚 GD-3 水电站引水隧洞的开挖，德国维尔特（Wirth）、法国 NFM 公司以及德国海瑞克公司也与我国企业联合制造了数台 TBM。

我国承包商和制造企业在使用和联合制造 TBM 过程中，通过成功应用总结、掘进困难处理以及联合制造配合积累了大量宝贵经验，同时培养了一批 TBM 领域专业人才。

2.2.2.3 自主研发创新

随着国内工业制造水平的持续提高以及对 TBM 设计、制造和应用的不断研究，2013 年起我国 TBM 研制进入自主研发创新阶段。

2013 年 11 月中铁装备成功收购德国维尔特公司 TBM、竖井钻机及刀具知识产权。2015 年 1 月中铁装备 TBM 在郑州下线。2016 年 2 月中铁装备研制的世界最小直径岩石掘进机下线，这台直径为 3.53m 的凯式 TBM 在黎巴嫩大贝鲁特供水项目隧洞开挖中表现出了卓越的性能，得到了国外承包商的称赞。2017 年 8 月由我国自主研制的中铁装备"彩云"号 TBM 下线（如图 2-2 所示），"彩云号"开挖直径为 9.03m，整机长度约为 230m，整机质量约为 1900t，填补了国内 9m 以上大直径硬岩掘进机的空白。"彩云"号是首台应用于铁路隧洞施工的国产岩石

图 2-2 "彩云"号 TBM

隧洞掘进机，应用于大瑞铁路重点控制性工程、全长 34.538km 的云南高黎贡山隧洞（我国最长的铁路隧洞、亚洲最长的铁路山岭隧洞），其地质情况之复杂全国罕见。此外，中交天和机械设备制造有限公司和其他国内企业也陆续自主研发和制造出岩石隧洞掘进机。

自 2017 年起，隧洞掘进机国家标准相继发布，其中《全断面隧道掘进机　术语和商业规格》（GB/T 34354—2017）、《全断面隧道掘进机　敞开式岩石隧道掘进机》（GB/T 34652—2017）和《全断面隧道掘进机　单护盾岩石隧道掘进机》（GB/T 34653—2017）三项涉及全断面岩石隧洞掘进机标准的发布说明了我国 TBM 研发制造技术已经成熟，进入自主研发阶段。我国 TBM 在技术、质量、性能、规范化等方面可以媲美进口 TBM。

在自主研发创新阶段，我国 TBM 发展状况呈现以下特点：

1. TBM 适应性显著提高

近年来 TBM 施工发生机器卡死、被埋的情形越来越少。一方面是由于地质勘测技术的进步，地质信息反馈更加详细和全面；另一方面是由于 TBM 设备选型更具针对性，TBM 设计制造水平有了大幅提高。TBM 在预期的围岩中掘进时，能够正常掘进成洞，在困难地质中掘进时，能够依靠自身能力配置、地层处理辅助工法等顺利通过。

超前钻探及超前注浆能够有效处理 TBM 前方破碎围岩和潜在涌水风险。撑靴式 TBM 可利用锚杆钻机、网片及钢拱架等对隧洞进行快速支护。刀盘刀具监测系统已经发展完备，刀具磨损状况、温度、转动状况、荷载状况等都可以得到实时反馈，机器操作和维护团队可以及时对刀盘刀具进行维护。

2. 智能化水平逐渐提升

随着信息技术的发展，特别是物联网、云存储、云计算、人工智能、机器学习等技术的发展，信息技术已经充分融入 TBM 智能化装备中，大力推动 TBM 向智能化方向发展。全行业正致力于开发 TBM 智能掘进系统，针对导向、掘进、预警等功能，研究 TBM 掘进过程多工序智能决策策略，构建 TBM 掘进过程信息化智能化整体技术架构，开发并集成相应智能终端模块，为 TBM 掘进智能化提供方法和技术支撑。

3. 工期优势持续凸显

TBM 作为机械化施工设备具有施工快捷、安全等优势，尤其对于长度 6km 以上的隧洞开挖，TBM 具有无可比拟的快速掘进优势。在隧洞开挖过程中，TBM 非正常停机的情况越来越少，TBM 利用率越来越高。近年来我国 TBM 隧洞开挖项目机器利用率大多在 40%左右，施工管理良好的项目 TBM 利用率高达 55%。使用 TBM 修建隧洞，工期能够得到保障。

4. 人和设备更加安全

与传统隧洞施工方法相比，TBM 施工的一个重大优势是安全，很少发生施工人员伤亡事故。TBM 护盾能够较好地保护设备和工作人员的安全，同时 TBM 边开挖边支护或安装管片，能更大限度地保证施工环境安全。TBM 正在向高度智能化发展，将来在设备上工作的人员更少，设备的可靠性、安全性更高。

5. 环境友好

相比传统钻爆法施工，TBM 施工产生的噪声和振动几乎不会对周边环境造成任何影响。钻爆法施工需要凿岩台车、装渣车、运渣车等一系列多台次车辆往返使用，尾气、油污排放相对 TBM 要多得多。TBM 能够满足能源和环境标准，且正朝向零排放、低噪声的环保目标发展。

2.3 国内外水利水电工程和斜井工程 TBM 应用现状

2.3.1 国内水利水电工程 TBM 应用现状

在国内，TBM 施工技术在轨道交通隧洞中的应用已经非常成熟，同时 TBM

施工工法在水利水电工程特别是引水工程中也得到了广泛的应用。

锦屏二级水电站位于四川省凉山彝族自治州木里、盐源、冕宁三县交界处的雅砻江干流锦屏大河湾上，是雅砻江干流上的重要梯级电站。其上游紧接锦屏一级水电站，下游为官地水电站。锦屏二级水电站总装机容量为 4800MW，单机容量为 600MW。3 号隧洞开挖洞径为 12.4m，衬砌后洞径为 11.8m，洞线长度约为 16.67km，一般埋深为 1500～2000m，最大埋深为 2525m，沿线地层岩性主要为三叠系中、上统的大理岩、灰岩及砂岩、板岩，Ⅱ、Ⅲ类围岩高达 95%以上。工程区处于高地应力区，隧洞洞线中部最大主应力值可达 63MPa，属高地应力区，隧洞开挖中易发生强烈～极强岩爆。引水隧洞的岩溶形态以溶蚀裂隙为主，溶洞很少，且规模不大，但岩溶裂隙水丰富，且水压力大。施工中采用钻爆法＋TBM 施工，其中 TBM 掘进长度为 6295m。TBM 施工段自 2008 年 11 月中旬开始试掘进，2011 年 2 月底掘进完成。开挖期间最高日掘进尺 33.67m，最高月掘进尺 682.92m，平均月进尺 228.10m（高应力地区，岩爆影响大）。

我国自主研制生产的首台 TBM 硬岩掘进机应用于吉林省中部城市引松供水工程（简称"吉林引松"）。2014 年 1 月，吉林省有史以来投资规模最大、输水线路最长、受益面积最广、施工难度最高的大型跨区域引调水工程——"吉林引松"工程 TBM 施工标段面向全球公开招标。经过招标，中铁装备最终拿到了国内首台国产 TBM 的订单。一年以后，依托国家"863""973"计划自主研制的直径 8.03m 岩石隧洞掘进机（TBM）——"永吉号"成功下线（见图 1-3），应用于"吉林引松"工程总干线四标项目，这是全线地质条件最复杂、施工难度最大的标段。当年 5 月始发的"永吉号"，历经多处溶腔溶洞群、碳质板岩段、断层破碎带、土层入侵洞段、特大涌水涌泥等不良地质，一路破除险阻，在国内施工历史上首次成功穿越长达 7000m 的灰岩岩溶区，于 2016 年 6 月、2017 年 11 月分别创下了月掘进尺 1226、1318.7m 的全国纪录，实现了一系列国内 TBM 施工史上的重大突破。

2019 年，全球首台紧凑型、超小转弯半径硬岩 TBM"文登号"在河南洛阳正式下线。这台设备用于山东文登抽水蓄能电站排水廊道施工，这是我国首次将 TBM 施工引入抽水蓄能电站工程建设领域。该设备是一台紧凑型硬岩掘进机（见

图2-3），总长只有35m，比常规TBM长度缩小了80%；同时是一台超小转弯的硬岩掘进机，转弯半径只有30m，比常规TBM减少了90%，并且在狭小洞室空间内完成组装、始发、掘进、转弯、到达、拆机等作业，在隧洞施工中具有安全性好、掘进效率高、适应性强、转场灵活等优点。

图2-3 "文登号"TBM

国内TBM从最初的自主探索制造，引进消化吸收到最后自主研发创新，走过了一段漫长的发展之路，表2-1统计了部分在国内施工或由国内厂商设计生产和制作的水利水电工程TBM应用案例。

表2-1　　　　　　　　水利水电工程TBM应用案例表

序号	项目名称	TBM类型	开挖直径（m）	生产厂商	年份	发展阶段
1	云南西洱河一级电站引水隧道隧洞	SJ34型TBM	ϕ3.40	上海水工机械厂	1966	自主探索制造
2	引滦入唐工程中古人庄隧道	SJ58A型TBM	ϕ5.80	上海水工机械厂	1981	
3	引滦入津新王庄隧道陡河电站引水隧洞	双护盾TBM	ϕ5.80	罗宾斯	1981—1983	引进消化吸收
4	广西天生桥二级水电站引水隧洞	双护盾TBM	ϕ10.80	罗宾斯	1985	
5	甘肃引大入秦工程水磨沟输水隧洞	双护盾TBM	ϕ5.54	罗宾斯	1990—1992	

续表

序号	项目名称	TBM 类型	开挖直径（m）	生产厂商	年份	发展阶段
6	引黄入晋工程总干线 6、7、8 号线	双护盾 TBM	ϕ 6.125	罗宾斯	1993—1997	引进消化吸收
7	辽宁大伙房水库输水工程	敞开式 TBM	ϕ 8.03	维尔特/罗宾斯	2003—2009	
8	新疆八十一大板引水隧洞工程	双护盾 TBM	ϕ 6.67	罗宾斯	2006—2010	
9	青海引大济湟调水总干渠工程引水隧洞	双护盾 TBM	ϕ 5.93	维尔特	2006	
10	四川锦屏二级水电站引水隧洞	敞开式 TBM	ϕ 12.40	海瑞克/罗宾斯	2008	
11	陕西引红济石调水工程Ⅳ标	双护盾 TBM	ϕ 3.65	罗宾斯	2008	
12	云南那邦水电站引水隧洞	敞开式 TBM	ϕ 4.50	海瑞克	2009	
13	甘肃引洮供水一期工程总干渠	单护盾 TBM	ϕ 5.75	法马通公司和中国北方重工	2009	
14	吉林省中部城市引松供水工程	敞开式 TBM	ϕ 8.03	中铁装备/铁建重工/罗宾斯	2014	自主研发创新
15	河南引故入洛引水工程 1 号隧洞	敞开式 TBM	ϕ 5.00	中信重工	2015	
16	新疆 ABH 输水隧洞工程	敞开式 TBM	ϕ 6.53	铁建重工	2016	
17	兰州水源地建设项目	双护盾 TBM	ϕ 5.48	中铁装备/铁建重工	2016	
18	黎巴嫩大贝鲁特引水工程	敞开式 TBM	ϕ 3.53	中铁装备	2016	
19	越南 Da Nhim 水电站扩建工程	敞开式 TBM	ϕ 3.90	中铁装备	2016	
20	老挝南莫水电站引水隧洞	敞开式 TBM	ϕ 4.03	中铁装备	2017	
21	新疆 EH 引水项目	18 台 TBM 机群	ϕ 5.53～ϕ 7.83	中铁装备/铁建重工	2018	

续表

序号	项目名称	TBM 类型	开挖直径（m）	生产厂商	年份	发展阶段
22	福建龙岩市万安溪引水工程	敞开式 TBM	ϕ 3.83	中铁装备	2018	
23	内蒙古引绰济辽供水工程	敞开式 TBM	ϕ 5.20	中铁装备	2018	
24	杭州市第二水源输水通道工程江南线山岭段 TBM 区间	双护盾 TBM	ϕ 6.00	中铁装备	2018	
25	广东榕江关埔引水工程	双护盾 TBM	ϕ 5.06	中铁装备	2019	自主研发创新
26	山东文登抽水蓄能电站	双护盾 TBM	ϕ 3.53	中铁装备	2019	
27	珠江三角洲水资源配置工程	敞开式 TBM	ϕ 8.23	中铁装备	2019	
28	云南滇中引水香炉山隧道	敞开式 TBM	ϕ 9.83/ϕ 9.84	中铁装备	2019	
29	澳大利亚雪山 2.0 水电站项目	单护盾 TBM	ϕ 11.09	中铁装备	2019	

2.3.2 国外斜井工程 TBM 应用现状

国内目前没有大角度斜井 TBM 施工的案例，在国外斜井 TBM 主要应用于抽水蓄能电站领域，开挖时间较早，斜井 TBM 应用主要集中在日本、欧洲、美国等发达国家和地区，其中日本和德国处于世界领先水平。日本于 1964 年首次引进 TBM，但由于日本地质条件较复杂，TBM 施工速度与欧美差距较大，发展相对较慢，但日本在抽水蓄能电站设计中结合其 TBM 设备研制，在引水隧洞设计过程中已考虑将 TBM 应用于 50°左右的陡倾角斜井的开挖中，并为 TBM 的应用拓展了一条应用渠道。日本电源开发公司 1979 年首先在下乡抽水蓄能电站设计中采用长斜井的设计方案，此后，东京电力公司在盐源抽水蓄能电站、葛野川抽水蓄能电站、神流川抽水蓄能电站设计过程中不断优化斜井与 TBM 匹配设计方案，使 TBM 在斜井的适应水平不断提高。

日本盐源抽水蓄能电站总装机容量为 90 万 kW，安装 3 台单机容量为 30 万

kW 的机组，压力管道全长为 594m，由上水平段、斜井段和下水平段组成，地层为第三纪盐谷层群，由流纹岩、凝灰岩和泥岩组成，部分地段有玢岩侵入体。其中斜井段长为 460m，坡度达 52.5°，斜井段开挖从下水平部位先采用开挖直径为 ϕ2.3m 的隧洞掘进机由下至上开挖导洞，导洞贯通后，把导洞作为出渣洞使用；然后采用常规的全断面扩大开挖法由上至下开挖。其 TBM 设备类型及参数：刀盘直径为 ϕ2.3m，整机全长约为 64m，总重约为 100t，掘进行程为 1.0m，设备功率为 225kW。东京电力公司从 1989 年 1—6 月完成了盐源抽水蓄能电站倾角 52.5°、长度 438m、ϕ2.3m 的导洞开挖，导洞 TBM 施工最高月进尺为 104m，平均月进尺为 68m。

日本葛野川抽水蓄能电站总装机容量为 160 万 kW，安装 4 台单机容量为 40 万 kW 的机组，压力管道全长为 2.0km，包括上部斜井（全长为 167m、坡度为 48°）和下部斜井（全长为 768m、坡度为 52.5°），上部斜井用反井钻机施工方法进行导洞挖掘、钻爆法进行扩挖；下斜井通过 TBM 施工导洞，导洞直径为 2.7m，导洞施工完成后采用扩挖 TBM 进行全断面扩挖。其 TBM 设备类型及参数：刀盘直径为 ϕ2.7m，整机全长约为 56m，总重约为 135t，掘进行程为 1.2m，设备功率为 264kW。1996 年 1—7 月完成葛野川抽水蓄能电站倾角 52.5°、长度 745m、ϕ2.7m 导洞开挖，导洞 TBM 施工最高月进尺为 166m，平均月进尺为 115m。随之在 1997 年 5 月—1998 年 1 月使用可扩大洞径的隧洞掘进机（reaming tunnel boring machine，RTBM）在 2.7m 导洞的基础上扩挖成直径为 ϕ7m 的隧洞，为使 RTBM 沿着已掘好的导洞方向正确地掘进，在 RTBM 前端装有抓爪掘头（如图 2−4 所示）。

日本神流川抽水蓄能电站总装机容量为 120 万 kW，安装 4 台单机容量为 30 万 kW 的机组，水道系统全长为 2.8km，其中引水斜井直径为 ϕ6.6m、倾斜度为 48°、斜井长为 935m，与盐源抽水蓄能电站、葛野川抽水蓄能电站施工方法一致，先通过 TBM 施工导洞，导洞施工完成后采用扩挖 TBM 进行全断面扩挖。其导洞 TBM 设备参数：刀盘直径为 ϕ2.7m，整机全长约为 50.3m，总质量约为 60t，掘进行程为 1.5m，设备功率为 1600kW。1999 年 11 月—2001 年 4 月，采用扩挖 TBM（如图 2−5 所示）完成神流川抽水蓄能电站倾角 48°、长度 935m、ϕ6.6m 的全断面开挖，最高月进尺为 115m，平均月进尺为 71m。

图 2-4　装有抓爪掘头的 RTBM

图 2-5　神流川抽水蓄能电站采用的扩挖 TBM

国外采用 TBM 施工倾斜隧洞成功案例较多，但是大坡度斜井（＞40°）开挖的案例较少。据统计，维尔特（Wirth）在 1970—1990 年间共为 48 个斜井隧洞开挖项目提供隧洞掘进机，这些项目的坡度最大可达 45°；瑞士 Kraftwerk Limmern 水电站输水巷道坡度为 84%（40°），地层主要为硬岩，岩石最大抗压强度为 120MPa，采用直径为 5200mm 的硬岩 TBM 施工；Calweld 公司和 Javra 公司在煤巷隧洞开挖掘进机的研制和运用上较有经验，坡度在 17°～27° 之间，开挖直径范围为 3.05～4.27m。总之，国外 TBM 应用于斜井施工较为广泛，主要在煤矿、引水、电站等工程中应用较多，技术比较成熟，国外斜井 TBM 应用部分案例见表 2-2。

表 2－2　　　　　　　　　　国外斜井 TBM 应用部分案例表

序号	项目名称	隧洞类别	技术参数			地质条件	设备供应商	年份
			长度（m）	直径（m）	坡度[%/（°）]			
1	瑞士 Emosson	压力斜井	1145	3	65/33	花岗岩	Wirth	1968—1969
2	瑞士 Emosson	压力斜井	1069	2.25	90/42	花岗岩	Wirth	1969
3	瑞士 Obergestein	通风井	1328	3.5	12.4/7	—	Robbins	1972—1973
4	奥地利 Kaprun	缆车	3200	3.6	53/28	结晶片岩	Wirth	1972—1973
5	瑞士 Hohtenn-Lötschental	压力斜井	1100	2.53	65/33	片麻岩	Wirth	1973
6	瑞士 Hohtenn-Ferden	压力斜井	600	3.65	65/33	片麻岩	Robbins	1973
7	瑞士 Mapragg	压力斜井	1400	4.2	70/35	石灰岩	Demag	1973
8	瑞士 Gries	通风井	600	3.65	75/37	—	Robbins	1973
9	瑞士 Sarelli	压力斜井	488	3.3	70/35	石灰岩	Robbins	1975
10	瑞士 Oberaar	压力斜井	812	4.3	100/45	花岗岩	Robbins	1975—1976
11	意大利 Chiotas-Piastra	压力斜井	1080	2.53	93/43	结晶片岩	Wirth	1975—1976
12	意大利 Chiotas-Piastra	压力斜井	1080	3	93/43	结晶片岩	Wirth	1975—1975
13	意大利 Chiotas-Piastra	压力斜井	1050	3	93/43	结晶片岩	Wirth	1976
14	瑞士 Zermatt	缆车	1800	3.6	70/35	片岩	Robbins	1977
15	奥地利 Sellrain Silz	压力斜井	2000	3.2	80/39	结晶片岩	Wirth	1977—1978
16	奥地利 Kühtai	压力斜井	1200	4.8	39/21	片麻岩	Wirth	1977—1978
17	奥地利 Böckstein	压力斜井	930	2.15	50/27	片麻岩	Demag	1978
18	奥地利 Ziller（Häusl.）	压力斜井	1314	4.2	90/42	片麻岩	Robbins	1979—1980
19	日本盐源抽水蓄能电站	压力斜井	460	2.3	130.3/52.5	流纹岩、凝灰岩和泥岩	日本	1989

续表

序号	项目名称	隧洞类别	技术参数			地质条件	设备供应商	年份
			长度（m）	直径（m）	坡度[%/(°)]			
20	日本葛野川抽水蓄能电站	压力斜井	768	7	130.3/52.5	流纹岩、凝灰岩和泥岩	日本	1996
21	日本群马县神流川发电站	压力斜井	935	6.6	48/26	泥质岩等	日本	1999
22	法国 Grand Maison	工作井	1460	3.6	56/29	片岩/片麻岩	Wirth	1979—1980
23	法国 Grand Maison	压力斜井	1460	3.6	56/29	片岩/片麻岩	Wirth	1980—1981
24	法国 Grand Maison	压力斜井	1460	3.6	56/29	片岩/片麻岩	Wirth	1981
25	法国 Grand Maison	压力斜井	1460	3.6	56/29	片岩/片麻岩	Wirth	1981—1982
26	法国 Super Bissorte	压力斜井	2750	3.6	51/27	砂岩	Wirth	1980—1981
27	挪威 Sildvik	压力斜井	800	2.53	100/45	片麻岩	Wirth	1981
28	西班牙 Benina	压力斜井	1200	4.2	100/45	花岗岩/片岩	Robbins	1982—1983
29	奥地利 Pitztal	缆车	3150	4.1	37/20	片岩/片麻岩	Robbins	1982—1983
30	瑞士 Saas-Fee	缆车	1570	4.2	48/26	片岩	Robbins	1982—1983
31	挪威 Tjodan-Lysebotn	压力斜井	1250	3.2	100/45	片麻岩	Jarva	1983—1984
32	挪威 Tjodan-Lysebotn	压力斜井	1450	3.2	100/45	片麻岩	Jarva	1984—1985
33	瑞士 Vernayaz	压力斜井	1170	2.62	80/39	石灰岩	Wirth	1984
34	奥地利 Lienz/Amlach	压力斜井	674	3.2	65/33	片岩	Robbins	1985
35	法国 Val d' Isere	缆车	1722	4.2	53/28	石灰岩	Wirth	1986
36	挪威 Naddvik	压力斜井	1400	3.2	93/43	花岗岩	Jarva	1986
37	奥地利 Reuthe	压力斜井	338	4.2	51/27	—	Robbins	1986

续表

序号	项目名称	隧洞类别	技术参数			地质条件	设备供应商	年份
			长度(m)	直径(m)	坡度[%/(°)]			
38	法国 Tignes	缆车	3335	4.2	51/27	石灰岩	Wirth	1987—1991
39	瑞士 Ilanz II	压力斜井	336	2.27	70/35	片岩	Wirth	1987
40	奥地利 Gerlos	压力斜井	910	3.68	80/39	片岩	Jarva	1989
41	奥地利 Hintermur	压力斜井	1000	3.2	57/30	片麻岩	Robbins	1989
42	瑞士 Kandersteg	通风井	351	2.6	52/27	石灰岩	Wirth	1990
43	意大利 Spluga	缆车	1350	4.5	50/26	片麻岩	Wirth	1991
44	瑞士 Erstfeld	压力斜井	425	3	45/24	片麻岩	Wirth	1991
45	意大利 Riva d.Garda II	压力斜井	750	3.72	106/47	石灰岩	Wirth	1991
46	意大利 Riva d.Garda II	压力斜井	750	3.72	106/47	石灰岩	Wirth	1992
47	瑞士 Schaffhausen	溢洪道竖井	185	2.27	20/11	砂岩	Wirth	1992
48	瑞士 Val d'Assa	压力斜井	200	2.27	32/18	片麻岩	Wirth	1992
49	瑞士 Cleuson Dixence	压力斜井	3000	4.8	68/34	砂岩	Robbins	1994—1996
50	瑞士 Cleuson Dixence	压力斜井	350	4.8	68/34	片麻岩	Lovat	1996
51	奥地利 Vermunt	压力斜井	1000	3.4	78/38	片麻岩	Robbins	1994
52	瑞士 Räterichsboden	溢流井	220	4.4	41/22	片麻岩	Wirth	1996
53	意大利 Cogolo	压力斜井	700	3.9	90/42	片麻岩	Wirth	1997
54	瑞士 Sedrun	输送机隧道	250	2.3	42/23	片麻岩	Wirth	1997
55	瑞士 Tinizong	压力斜井	740	3	60/31	复理层	Wirth	1997
56	德国 Ennepetal	检查井	370	3	61/31.5	石灰岩	Robbins	1997
57	意大利 Maen	压力斜井	800	4.2	30/17	片麻岩	Wirth	1998
58	西班牙 Bulnes	缆车	2200	4.5	18/10	石灰岩	Wirth	1998

续表

序号	项目名称	隧洞类别	技术参数			地质条件	设备供应商	年份
			长度（m）	直径（m）	坡度[%/(°)]			
59	瑞士 Zermatt	压力斜井	460	3	20/11	片岩	Wirth	2000
60	意大利 Premadio	压力斜井	850	3.9	45/24	石灰岩	Wirth	2002
61	印度 Parbati	压力斜井	1500	4.88	40/22	片麻岩	NFM	2002
62	奥地利 Kops Ⅱ	压力斜井	900	4.6	39/21	片麻岩	Wirth	2005
63	瑞士 Bannalp	压力斜井	950	3	40/22	石灰岩	Wirth	2005
64	瑞士 Melide	进口竖井	80	2.27	24/13	片麻岩	Wirth	2010
65	瑞士 Kaiserstuhl	压力斜井	770	3.1	33/18	石灰岩	Wirth	2010
66	瑞士 Innertkirchen	压力斜井	1015	3.12	70/35	片麻岩	Wirth	2012
67	瑞士 Limberg	压力斜井	770	5.8	100/45	板岩	Jarva	2006
68	瑞士 Kraftwerk KLL	缆车	3760	8	24/13	石灰岩	Wirth	2010
69	瑞士 Kraftwerk KLL	压力斜井	1030	5.2	90/42	石灰岩	Herrenknecht	2011
70	瑞士 Kraftwerk KLL	压力斜井	1030	5.2	90/42	石灰岩	Herrenknecht	2012
71	瑞士 Ritom	压力斜井	1534	3.2	90/42	片麻岩	Herrenknecht	2020

第 3 章

抽水蓄能电站简介

3.1　抽水蓄能电站概述

抽水蓄能电站发展至今已有 100 多年的历史。20 世纪上半叶，抽水蓄能电站发展缓慢，到 1950 年，全世界建成抽水蓄能电站仅 28 座，投产容量约 2000MW。20 世纪 60 年代后，抽水蓄能电站开始快速发展，20 世纪 60 年代增加容量 13 942MW，20 世纪 70 年代增加容量 40 159MW，20 世纪 80 年代增加容量 34 855MW，20 世纪 90 年代增加容量 27 090MW。到 2010 年，全世界共有 40 多个国家和地区已经建成和正在建设抽水蓄能电站，投入运行的抽水蓄能电站超过 350 座，总装机容量超过 160 000MW。目前很多发达国家抽水蓄能电站的装机容量占总装机容量已有相当的比例（例如奥地利为 16%、日本为 13%、瑞士为 12%、意大利为 11%、法国为 4.2%、美国为 2.4%）。

我国研究开发抽水蓄能电站始于 20 世纪 60 年代。1968 年，在冀南电网的岗南水电站安装了一台可逆式机组，建成我国第一座混合式抽水蓄能电站。1993 年，安装了 3 台 90MW 可逆式机组的潘家口混合式抽水蓄能电站建成投产，随后广州抽水蓄能电站（一、二期各 1200MW）、天荒坪抽水蓄能电站（1800MW）、十三陵抽水蓄能电站（800MW）也在 20 世纪 90 年代相继投产发电。

抽水蓄能电站运行具有两大特性：一是它既能调峰又能填谷，其填谷作用是其他任何类型的发电厂所不具备的；二是启动迅速，运行灵活、可靠，对负荷的急剧变化可以作出快速反应。此外，抽水蓄能电站还适合承担调频、调相、事故备用、黑启动等任务。与化学储能、压缩空气储能等相比，抽水蓄能电站是目前最经济的大型储能设施。同时，抽水蓄能电站是智能电网的重要组成部分，也是充分吸纳风电和光伏发电、保障核电运行、促进清洁能源发展的必要手段。

结合近年来国内外抽水蓄能工程建设经验，本章对抽水蓄能项目基本情况、设计与施工技术、成本与安全现状等方面内容分别进行阐述。

3.1.1　抽水蓄能电站工作原理

电力系统的用电需求是随时变化的，当电力系统出现用电高峰时，一般情况下发电设备除检修、备用、受阻外，基本处于满负荷运行，而在电力系统出现负荷低谷时，由于用电负荷减少，为保证电力系统功率平衡，各类电源必须降低出力运行。由于安全和经济的原因，以火电、核电为主的电力系统一般较难适应这样的要求。

抽水蓄能电站是一种特殊形式的电站，它有一个建在高处的上水库和一个建在电站下游的下水库。抽水蓄能电站的机组兼具水轮机和水泵的功能，以水为载体，在电力系统低谷负荷时，抽水蓄能电站的机组作为水泵运行，吸收电力系统多余的电能将下水库的水抽到上水库储存起来；在高峰负荷时，作为发电机组运行，利用上水库的蓄水放至下水库，将水的势能转换成电能送回电网。这样，既避免了电力系统中火电机组反复变输出功率运行所带来的弊端，又增加了电力系统高峰时段的供电能力，提高了电力系统运行的安全性和经济性。

抽水蓄能电站一个能量转换装置，可以将电力系统的发电功能在时间上重新分配，以协调电力系统发电出力与用电负荷之间不协调的矛盾，从而提高电力系统的安全性和经济性。同时，抽水蓄能机组借助于发电机和电动机两种运行工况，可以十分便利地进行调相运行，补偿系统无功不足，增加无功负荷，根据电网需要提供或吸收无功功率，维持电网电压稳定。其调相运行功能可减少电网无功补偿设备，从而节省电网投资及运行费用。

3.1.2　抽水蓄能电站组成

根据抽水蓄能电站的工作原理，抽水蓄能电站部署有上水库、高压引水系统、主厂房、低压尾水系统和下水库，图3-1所示为抽水蓄能电站基本组成示意图。

其中，上水库及下水库及其建筑基本为地面建筑，高压引水系统、主厂房、低压尾水系统统称为输水发电系统，一般为地下洞室，同时还应配有相应的地下洞室以承担调压、通风排烟、交通、排水等功能。图 3-2 所示为某抽水蓄能电站输水发电系统示意图。

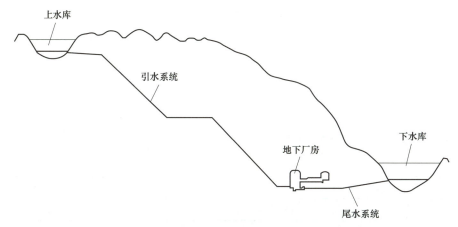

图 3-1　抽水蓄能电站基本组成示意图

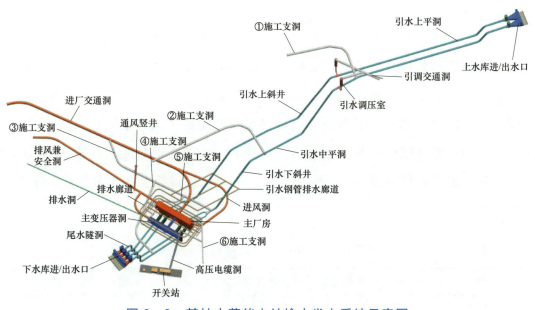

图 3-2　某抽水蓄能电站输水发电系统示意图

3.1.3　抽水蓄能电站发展现状

抽水蓄能是全球装机规模最大的储能技术，也是目前发展最为成熟的储能技术。大部分抽水蓄能电站和水电站、核电站一起结合应用，在很多国家都有推广，尤其是发达国家，在核电的开发、水能、风能的利用和抽水蓄能配套方面已有一定成功经验，其中日本、美国和欧洲等国的抽水蓄能电站装机容量占全世界抽水蓄能电站总和的 80%以上。

根据 CNESA 全球储能项目库的不完全统计，截至 2019 年底，全球抽水蓄能累计装机规模为 171.03GW，抽水蓄能的累计装机规模占储电项目累计装机容量的 91.9%。2014—2019 年全球抽水蓄能的装机规模见表 3−1。

表 3−1　　　　　　　2014—2019 年全球抽水蓄能的装机规模

年度	全球抽水蓄能装机规模（GW）	增速（%）
2014	139.8	—
2015	142.1	1.65
2016	161.2	13.44
2017	168.9	4.78
2018	170.7	1.07
2019	171.03	0.19

我国的抽水蓄能站建设相对国外启动比较晚，但是发展迅速。近年来，我国已先后建成潘家口、广州、十三陵、天荒坪、泰山、宜兴、宝泉等一批大型抽水蓄能电站。2014—2019 年我国抽水蓄能市场规模不断扩大。根据 CNESA 全球储能项目库的不完全统计，截至 2019 年底，国内抽水蓄能累计装机规模 30.31GW，占储电项目累计装机容量的 91.6%。2014—2019 年我国抽水蓄能项目累计装机规模见表 3−2。

表 3−2　　　　　2014—2019 年我国抽水蓄能项目累计装机规模

年度	我国抽水蓄能装机规模（GW）	增速（%）
2014	21.53	—
2015	22.74	5.62
2016	26.69	17.37
2017	28.60	7.16
2018	29.99	4.86
2019	30.31	1.07

随着能源转型进程持续深化，风电、太阳能发电等新能源更大规模、更高比例接入电网，迫切需要提高电网平衡调节能力，确保电力安全稳定、可靠供应，抽水蓄能作为最成熟的储能技术，具有超大容量、系统友好、经济可靠、生态环保等优势特点，是目前公认的保障高比例新能源电力系统安全稳定运行的有效途径。为实现"碳达峰""碳中和"目标，可以预测，我国"十四五"期间及未来电力系统对抽水蓄能电站的需求将更为强烈，抽水蓄能电站将保持较快发展态势。国内部分抽水蓄能项目一览表（含已运行、在建、规划、备选）见表3-3。

表3-3　国内部分抽水蓄能项目一览表（含已运行、在建、规划、备选）

序号/区域	抽水蓄能电站名称	所在省份	总装机容量（MW）	机组台数（台）	单机容量（MW）	投运时间
一、东北						
1	荒沟	黑龙江	1200	4	300	在建
2	尚志	黑龙江	1000	4	250	规划
3	五常	黑龙江	1200	4	300	规划
4	依兰	黑龙江	1200	4	300	备选
5	白山	吉林	1500	2	150	已运行
6	敦化	吉林	1200	4	300	在建
7	蛟河	吉林	1200	4	300	规划
8	桦甸	吉林	1200	4	300	规划
9	通化	吉林	1200	4	300	备选
10	蒲石河	辽宁	1200	4	300	已运行
11	庄河	辽宁	800	4	200	规划
12	清原	辽宁	1800	6	300	在建
13	兴城	辽宁	1200	4	300	规划
14	大雅河	辽宁	1400	4	350	备选
二、华北						
1	密云	北京	22	2	11	已运行
2	十三陵	北京	800	4	200	已运行

续表

序号/区域	抽水蓄能电站名称	所在省份	总装机容量（MW）	机组台数（台）	单机容量（MW）	投运时间
3	板桥峪	北京	1000	4	250	规划
4	呼和浩特	内蒙古	1200	4	300	已运行
5	芝瑞	内蒙古	1200	4	300	在建
6	美岱	内蒙古	1200	4	300	规划
7	乌海	内蒙古	1200	4	300	规划
8	索伦	内蒙古	800	4	200	后备
9	锡林浩特	内蒙古	600	4	150	后备
10	牙克石	内蒙古	1000	4	250	后备
11	岗南	河北	11	1	11	已运行
12	潘家口	河北	270	3	90	已运行
13	张河湾	河北	1000	4	250	已运行
14	丰宁	河北	1800	6	300	在建
15	丰宁二期	河北	1800	6	300	在建
16	抚宁	河北	1200	4	300	在建
17	易县	河北	1200	4	300	在建
18	泰安	山东	1000	4	250	已运行
19	文登	山东	1800	6	300	在建
20	泰安二期	山东	1800	6	300	在建
21	沂蒙	山东	1200	4	300	在建
22	莱芜	山东	1000	4	250	规划
23	海阳	山东	1000	4	250	规划
24	潍坊	山东	1200	4	300	在建
25	西龙池	山西	1200	4	300	已运行
26	浑源	山西	1200	4	300	在建
27	垣曲	山西	1200	4	300	在建
28	交城	山西	1400	4	350	后备

续表

序号/区域	抽水蓄能电站名称	所在省份	总装机容量（MW）	机组台数（台）	单机容量（MW）	投运时间
29	回龙	河南	120	2	60	已运行
30	宝泉	河南	1200	4	300	已运行
31	天池	河南	1200	4	300	在建
32	洛宁	河南	1400	4	350	在建
33	宝泉二期	河南	1200	4	300	规划
34	花园沟	河南	1200	4	300	规划
35	五岳	河南	1000	4	250	在建
三、西北						
1	阜康	新疆	1200	4	300	在建
2	哈密天山	新疆	1200	4	300	规划
3	阿克陶	新疆	600	—	—	备选
4	镇安	陕西	1400	4	350	规划
5	牛首山	宁夏	800	4	200	规划
6	昌马	甘肃	1200	4	300	规划
7	大古山	甘肃	1200	4	300	规划
四、华中						
1	黑麋峰	湖南	1200	4	300	已运行
2	天堂	湖北	70	2	35	已运行
3	白莲河	湖北	1200	4	300	已运行
4	大幕山	湖北	1200	4	300	规划
5	上进山	湖北	1200	4	300	规划
6	紫云山	湖北	1200	4	300	备选
五、华东						
1	溪口	浙江	80	2	40	已运行
2	天荒坪	浙江	1800	6	300	已运行
3	桐柏	浙江	1200	4	300	已运行

续表

序号/区域	抽水蓄能电站名称	所在省份	总装机容量（MW）	机组台数（台）	单机容量（MW）	投运时间
4	仙居	浙江	1500	4	375	已运行
5	长龙山	浙江	2100	6	350	规划
6	宁海	浙江	1400	4	350	在建
7	缙云	浙江	1800	6	300	在建
8	磐安	浙江	1000	4	250	在建
9	衢江	浙江	1200	4	300	在建
10	泰顺	浙江	1200	4	300	备选
11	天台	浙江	1700	—	—	备选
12	建德	浙江	2400	—	—	备选
13	桐庐	浙江	1200	—	—	备选
14	沙河	江苏	100	2	50	已运行
15	宜兴	江苏	1000	4	250	已运行
16	溧阳	江苏	1500	6	250	已运行
17	马山	江苏	700	2	350	规划
18	竹海	江苏	1800	6	300	规划
19	句容	江苏	1350	6	225	在建
20	连云港	江苏	1200	4	300	规划
21	洪屏一期	江西	1200	4	300	已运行
22	洪屏二期	江西	1200	4	300	规划
23	奉新	江西	1200	4	300	规划
24	赣县	江西	1200	4	300	备选
25	响洪甸	安徽	80	2	40	已运行
26	琅琊山	安徽	600	4	150	已运行
27	佛磨	安徽	160	2	80	已运行
28	响水涧	安徽	1000	4	250	已运行
29	绩溪	安徽	1800	6	300	在建

续表

序号/区域	抽水蓄能电站名称	所在省份	总装机容量（MW）	机组台数（台）	单机容量（MW）	投运时间
30	金寨	安徽	1200	4	300	在建
31	桐城	安徽	1200	4	300	在建
32	宁国	安徽	1200	4	300	规划
六、华南						
1	广州一期	广东	1200	4	300	已运行
2	广州二期	广东	1200	4	300	已运行
3	惠州	广东	2400	8	300	已运行
4	清远	广东	1280	4	320	已运行
5	深圳	广东	1200	4	300	已运行
6	阳江	广东	2400	6	400	规划
7	梅州	广东	2400	6	400	规划
8	新会	广东	1200	4	300	规划
9	仙游	福建	1200	4	300	已运行
10	永泰	福建	1200	4	300	规划
11	周宁	福建	1200	4	300	规划
12	同安	福建	1400	4	350	规划
13	琼中	海南	600	3	200	已运行
14	三亚	海南	600			规划
七、西南						
1	蟠龙	重庆	1200	4	300	在建
2	栗子湾	重庆	1200	4	300	规划
3	寸塘口	四川	2	2	1	已运行
4	羊湖90	西藏	90	4	22.5	已运行

3.1.4 抽水蓄能电站发展前景

抽水蓄能电站具有调峰填谷、调频调相、事故备用等重要功能，为电网安全稳定、高质量供电提供着重要保障，也为风电、光电等清洁能源大规模并网消纳提供重要支撑。随着清洁能源大规模的开发利用，能源生产和利用方式发生重大变革，发展抽水蓄能已成为能源结构转型的重要战略举措之一。截至 2019 年底，我国抽水蓄能电站装机容量占总装机容量比仅为 1.6%，远低于日本的 8.5%，预测到 2030 年，全球抽水蓄能电站总装机容量将增至 239GW，目前还有至少 100 个抽水蓄能项目已进入筹备阶段。

随着我国经济和社会的快速发展，电力负荷迅速增长，峰谷差不断加大，用户对电力供应的安全和质量期望值也越来越高。抽水蓄能电站以其调峰填谷的独特运行特性，作为电网的安全、稳定运行不可或缺的调节工具，扮演着越来越重要的角色。广阔的抽水蓄能电站建设发展前景，也为 TBM 的研发和应用提供了巨大的商机与市场。

3.2 抽水蓄能电站地下洞室设计

抽水蓄能电站枢纽建筑物一般由上下水库、输水系统和地下厂房等组成，其中输水系统和地下厂房统称为输水发电系统，为工程重要的主体地下建筑。

3.2.1 输水发电系统布置方式

抽水蓄能电站输水发电系统的布置需要综合考虑地形、地质等自然条件以及与其他建筑物的关系等因素进行布置。

由于抽水蓄能电站的机组安装高程低，在地形、地质条件允许的条件下，首先考虑采用地下式厂房。在 20 世纪 90 年代之前，欧洲和美国较早期的抽水蓄能电站部分采用了地面式或半地下式（竖井式）厂房。随着地下工程设计和施工水平的提升，能够修建的地下洞室规模逐年增大，大型抽水蓄能电站基本均采用地下式厂房，目前我国已建和在建装机容量 1000MW 以上的抽水蓄能电站均为地下厂房。

抽水蓄能电站输水线路一般较长，按照地下厂房在输水系统中的位置，可以分为首部式、中部式和尾部式三种布置方式。

首部式布置的地下厂房位于整个输水系统的上游，该布置方式高压引水道较短，不需要设计引水调压室，因其尾水隧洞较长，往往需设置尾水调压室。

中部式布置的地下厂房位于输水系统的中部，上、下游水道长度相差不大。对于输水系统较长的电站，通常需要同时设置引水调压室和尾水调压室。

尾部式布置的地下厂房靠近下水库一侧，厂区地势较低，厂房埋深较浅，进厂交通、出线、运行较为方便。电站输水线路较短时，可不设尾水调压室。当引水系统线路较长时，往往采用一洞多机布置，设置引水岔管。

3.2.2　输水发电系统布置型式

3.2.2.1　引水系统的布置型式

由于抽水蓄能电站的装机规模大、设计水头高，所以引水系统在输水发电系统中占有很大的比重，在布置中显得尤为重要。

国内部分抽水蓄能电站项目引水布置参数见表 3-4。

表 3-4　　国内部分抽水蓄能电站项目引水系统布置参数

项目	引水隧洞直径（m）	引水主洞长度（m）	额定水头（m）	额定流量（m³/s）	单机容量（MW）	引水隧洞流速（m/s）
白莲河抽水蓄能电站	9/5.6	1480	195	176.1	300	5.536
黑麋峰抽水蓄能电站	8.5	815	295	118	300	4.159
溧阳抽水蓄能电站	9.2	561	259	110.9	250	5.005
琼中抽水蓄能电站	8.4/7.2	939	308	74.04	200	4.008
梅州抽水蓄能电站	10	746	400	86.68	300	4.415
五岳抽水蓄能电站	8/5.2	502	241	119.89	250	4.770
蟠龙抽水蓄能电站	6.5/6/5.5/5	1689	428	81	300	4.882
天池抽水蓄能电站	6/4.5/3.1	3129	510	67.98	300	4.809
洛宁抽水蓄能电站	6.5/5.6/4.2	2940	604	66.6	350	4.014
平江抽水蓄能电站	6.5/6.0/5.0	1374	648	62.5	350	3.767
安化抽水蓄能电站	8/7/5.5	1320	408	85	300	3.382
花园沟抽水蓄能电站	6.5/5.6/4.3	1803	552	68.15	325	4.108

1. 引水隧洞条数的选择

目前国内外规模较大的抽水蓄能电站中，机组台数大都在 4 台及以上，因此引水系统可以选择"一洞一机"到"一洞四机"等多种布置，具体选择一条引水主洞连接几台机组，应根据电站总装机规模、机组的制造水平、引水隧洞管径的大小以及引水系统的施工工期等来确定。通常来讲，引水线路越长，一条引水主洞连接的机组台数越多，投资越省。但这样的布置会使引水隧洞的尺寸较大，同时单条引水洞检修导致多台机组停运，对电网的运行影响也会增大。因此，引水系统具体的布置选择，应综合考虑上述有关条件。

2. 引水系统的平面布置

抽水蓄能电站的引水系统布置要求与常规水电站的布置类似。需要引起注意的是，抽水蓄能电站的水头一般较高，对于采用钢筋混凝土衬砌的隧洞，引水系统平面布置时需要关注两洞间的最小间距，应保证运行期不发生渗透破坏。

相邻隧洞之间的岩体厚度应根据布置的需要、地形地质条件、围岩的应力和变形情况、隧洞的断面形状和尺寸、施工方法和运行条件（一洞有水、邻洞无水）等因素，综合分析确定，不宜小于 2 倍开挖洞径（或洞宽）。确因布置需要，经论证岩体厚度可适当减少，但不应小于 1 倍开挖洞径或洞宽。

3. 引水系统的立面布置

抽水蓄能电站的特点是从上水库进/出水口到机组安装高程的高差较大，一般均在 200m 以上，水头较高的甚至可达 700m 以上，如何进行上下平洞间的立面布置，需要考虑地形地质条件、水力学条件、水工布置要求、工程投资和施工条件等因素。从水工布置和工程投资的角度来看，采用斜井的方案线路短，工程投资省，但施工条件差。目前国内采用陡倾角长斜井的布置方式较多，主要有十三陵、黑麋峰、洛宁、平江等抽水蓄能项目。斜井倾角多在 45°～60° 之间，单级斜井长度基本控制在 400m 以内，引水主洞直径多为 6～10m。采用竖井布置的有宜兴、张河湾、溧阳、梅州等抽水蓄能项目。

3.2.2.2　尾水系统的布置

与引水隧洞的条数选择一样，根据地下厂房所处的位置不同，尾水隧洞也有条数的选择。一般而言，尾水隧洞承受的内水压力较低，造价相对引水系统也较低。同时由于抽水蓄能电站大多选择中部式或尾部式布置，尾水系统相对较短，条数增加带来的投资增加相对较小。所以尾水隧洞的条数往往会等于或者多于引水系统的条数，琅琊山抽水蓄能电站采用的两条引水隧洞，对应采用一条尾水隧洞。

有关尾水隧洞平剖面布置同引水系统，不再赘述。

3.2.2.3　厂房系统的布置

抽水蓄能电站厂房多布置在上、下水库之间，选择范围大，可根据枢纽建筑物的布置、地形地质条件及电站运行要求，灵活选择合适的厂房位置。厂房的形式按照结构和位置的不同，可分为地下式、半地下式和地面式，在条件允许的情况下，应优先考虑采用地下式厂房，该种形式也最为常见。

地下厂房位置的选择应力求将厂房洞室群布置在新鲜、完整的岩体中，并使洞室有一定的埋深；应尽量缩短高压引水隧洞的长度，尽可能避免同时设置上下游调压室；兼顾交通、出线、施工支洞布置等。布置型式分为首部式、中部式、尾部式。

厂房轴线方向的选择应尽量垂直于地质主要结构面或有较大交角；与水道系统和辅助洞室布置应尽量协调合理，使流道顺畅。

3.3　抽水蓄能电站隧洞开挖施工机械化水平

3.3.1　机械化施工现状

国内抽水蓄能电站地下隧洞平洞开挖目前普遍采用"钻爆法"进行施工，斜井竖井开挖普遍采用"反井钻法"或者"爬罐法"施工，也有受地质条件等影响采用"正井法"施工，主要采用的开挖机械设备有手风钻、潜孔钻、多臂台车、自卸汽车、挖掘机、爬罐、反井钻机、扒渣机、装载机等。其中平洞开挖中采用的较为成熟高效的设备多为凿岩台车，斜井及竖井开挖中使用较为广泛的有反井钻机和爬罐。

3.3.1.1　凿岩台车

凿岩台车又称多臂钻车，主要用于岩石地层地下开挖工程的钻孔作业，它代替了传统的手持风钻和手风钻组合台车，大大地提高了钻孔效率，是近些年来受欢迎的开挖钻孔机械。它能移动并支持多台凿岩机同时进行钻眼作业。在大型地下工程或较大断面隧洞中多有应用。

此工法适用于大断面、Ⅱ类或Ⅲ类围岩条件下无拱架的全断面或台阶法隧洞开挖。抽水蓄能项目输水系统及辅助洞室等部位大多为大断面隧洞，围岩条件较好，大部分均采用凿岩台车进行开挖施工。凿岩台车如图 3-3 所示。

图 3-3　凿岩台车

全断面开挖法中，除凿岩台车之外，简易钻爆台车（架钻台车）的使用也很广泛。简易钻爆台车机械化程度高不及钻孔台车，但质量小，使用灵活，拼拆方便，经济实用。利用简易钻爆台车进行钻爆法施工，适用范围广，水电工程中也多有使用。

3.3.1.2 其他凿岩机械

除凿岩台车以外，水利水电、矿山、交通、建材、国防等工程的凿岩作业中广泛使用的凿岩机械还有潜孔钻机、顶锤式液压钻机、露天钻车、导轨式凿岩机等。其中液压履带钻常用于厂房中下部的开挖施工。有些凿岩机械既可以钻孔，又可以安装锚杆，称为锚杆台车。液压履带钻如图 3-4 所示。

图 3-4 液压履带钻

3.3.1.3 爬罐

爬罐是瑞典阿立马克公司生产的一种用于陡倾角斜井和竖井掘进的施工机械，主要用于调压井、通风井、矿石溜井、交通井、引水斜井（竖井）等施工作业中。爬罐是一种载人和物的向上运输工具，利用井壁上固定的导轨上下驱动运行，作为掘进工作平台进行掘进作业。

爬罐施工的特点主要有：

（1）在天井自下向上掘进时，爆破的石渣自由落下，出渣容易。

（2）爬罐沿轨道上下，使工作人员很快到达工作面。

（3）爬罐固定在工作面前的轨道上，给工作人员提供了工作平台。

（4）特制轨道中的管路，不但把压缩空气和水送给钻机工作，而且在爆破后还起通风换气作用。

爬罐作业可分为凿岩、爆破、通风和撬挖。爬罐法钻孔施工示意见图 3-5，爬罐法爆破作业示意见图 3-6。

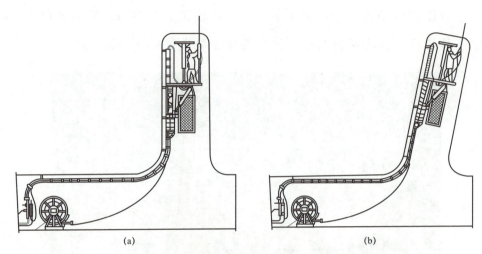

图 3-5　爬罐法钻孔施工示意图
（a）竖井爬罐法钻孔施工示意图；（b）斜井爬罐法钻孔施工示意图

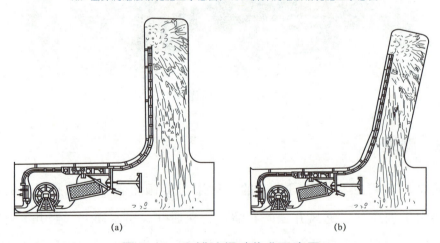

图 3-6　爬罐法爆破作业示意图
（a）竖井爬罐法爆破作业示意图；（b）斜井爬罐法爆破作业示意图

爬罐施工方法于 1957 年由瑞典研制成功。该法适应性强，在瑞典、法国、苏联、挪威等国地下水电工程中都得到广泛应用。挪威某水电站采用内燃机牵引的爬罐，掘进长为 980m、倾角为 45°的引水斜井，班进尺为 2.2m，工效达 4.5～4.94m/天。加拿大埃里特卡克（Euiot Cake）铀矿在 1974 年 4 月采用爬罐法掘进了一条长 550m 的独头天井。我国自 1964 年开始应用气动和电动爬罐掘进天井，效果较好。天荒坪抽水蓄能电站输水系统斜井采用瑞典阿里马克爬罐进行导井开挖，总进尺为 555m，平均月进尺为 95m，最高月进尺为 126m。广州抽水蓄能电站、黑糜峰抽水蓄能电站等均采用爬罐进行引水斜井导井的开挖施工。

天井爬罐法适用于稳定岩层，可掘进倾斜和陡倾斜的高天井、盲天井，平均月进尺为 50~60m；缺点是施工作业环境差、设备较复杂、初期投资大、辅助作业时间长、操作技术要求较高、安全风险较高。

2013 年后，由于爬罐法施工存在较高的安全隐患，国内逐步禁止使用爬罐法开挖斜井及竖井工程。

3.3.1.4　反井钻机

反井钻机施工主要用于地下井筒建设。钻孔时其主传动通过动力头传递给钻具扭矩、推力或拉力，通过钻头旋转，对岩石进行冲击、挤压和剪切，使岩石破碎。

（1）反井钻机施工与常规爆破法施工相比，具有以下特点：

1）不需爆破，安全性高，钻进速度快；

2）工期短，成本较低；

3）岩石稳定性好，钻孔平滑；

4）施工时需要的人员较少。

（2）反井钻机适用的范围较广，在水利水电工程和矿山工程中可以用它施工出线井、通风井、调压井、交通井及高压管道等。

1）反井钻机的扩孔直径：扩孔直径可达 7m，井深可达 1000m，实际使用中，扩孔直径通常在 1.5~2.4m，井深在 400m 以内。

2）适应角度：一般在 0°~90°的范围都可以使用，实际使用中，为便于溜渣，使用在大倾角长斜井或长竖井中，倾角不小于 45°。

3）适用岩石：从软岩到硬岩都可进行施工。实际工程中，围岩较为完整时钻孔偏斜率更易控制，尤其是对于长斜井的施工。

　　自 20 世纪 70 年代反井钻机施工方法进入我国后，该施工方法及装备取得了较快的发展，其成井规模、效率、质量等均得到了不同程度的提高，在矿山、水电、交通、市政等领域均得到了推广和普及。

　　最初我国反井施工中较多采用的是木垛法、吊罐法、爬罐法等施工方法，无论哪种方法均需要施工人员进入井筒中凿岩爆破，劳动强度高，安全隐患大。采用反井钻机施工导井时，设备及人员全部位于上部作业平台，人员不用进入井筒，改善了作业条件，降低了劳动强度，且成井质量好，井壁光滑，避免了爆破作业对围岩的扰动，有利于井筒工程的长期稳定。近十年，抽水蓄能项目斜井及竖井绝大多数均采用反井钻机进行导井施工。反井钻机施工时首先施工导向孔，用反井钻机在竖井或斜井中心自上而下钻设直径为 200～300mm 的导向孔，导向孔形成后，在竖井或斜井底部安装直径为 1.2～1.4m 的扩孔钻头，沿着导向孔进行反向扩孔形成导井。一般情况，第一次导井扩孔完成后，需换成直径为 2.0m 的扩孔钻头，进行导井的第二次扩孔（或采用钻爆法进行第二次扩挖）。

　　反井钻机开挖竖井示意如图 3-7 所示，反井钻机开挖斜井示意如图 3-8 所示。

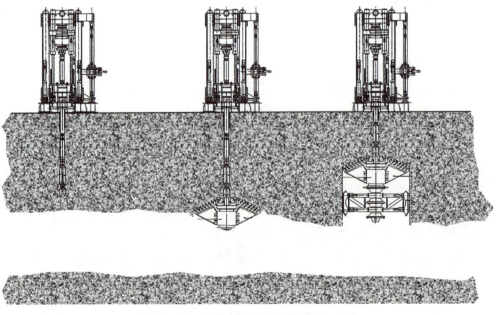

图 3-7　反井钻机开挖竖井示意图

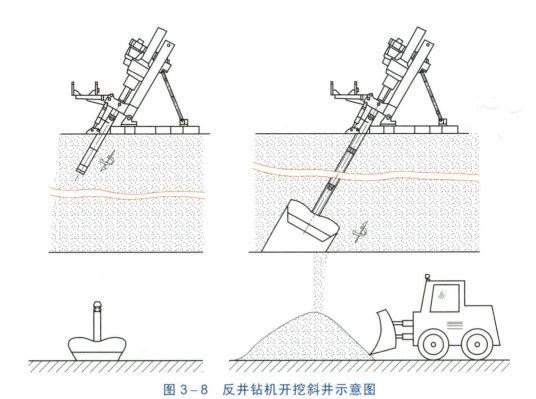

图 3−8　反井钻机开挖斜井示意图

3.3.2　机械化发展趋势

钻爆法具有施工灵活、适应性广、工法成熟、造价可控优点，是目前隧洞开挖中最为常用的施工方法。但钻爆法在实际工程应用中，火工品管控要求高、机械化程度低、施工作业环境差、施工进度无法保障等方面的弊端日渐突出，随着近年来安全、环保等方面要求的日益提升，对工程建设的施工安全、机械化水平、作业环境、施工进度均提出了更高的要求。

伴随着工程建设新的要求，隧洞开挖施工方法近些年也有了新的发展，如静态爆破技术、切割法、悬臂掘进机、TBM、盾构机等也逐步在工程中进行了应用。

3.3.2.1　TBM

TBM 是机、电、液、光、气等系统集成的工厂化流水线隧洞施工装备，可实现隧洞掘进、支护、出渣等施工工序并行连续作业。TBM 的概述及分类、发展及应用情况在本书前两章已做详细介绍，本处不再阐述。

3.3.2.2　盾构机

盾构法隧洞施工的基本原理是用一件圆形的钢质组件，称为盾构机，沿隧洞设计轴线边开挖土体边向前行进。在隧洞开挖的过程中，需要对掌子面进行支撑。支撑土体的方法有机械的面板、压缩空气支撑、泥浆支撑、土压平衡支撑等方式。

自盾构技术发展以来，出现了种类繁多的盾构机。它们适用于不同的工程地质、水文地质条件和开挖方法。大致可分为四大类：敞开式盾构机或普通盾构机、普通闭胸式盾构机（是一种半机械化盾构机）、机械化闭胸盾构机、岩石掘进机（指在岩石条件下使用的全断面岩石掘进机）。其中机械化闭胸盾构中的土压平衡盾构和泥水加压平衡盾构两种最为常用。

盾构技术在我国的应用很早，20世纪60～70年代，我国就开始应用盾构机。近十年来，在几个大城市的地铁工程中，从日本、德国、法国等国引进了数十台土压平衡盾构和泥水盾构。武汉越江隧洞、上海越江隧洞、南水北调中线工程的穿越黄河隧洞均采用盾构施工。

工程实践说明，盾构技术在城市地铁和越江隧洞方面具有很大的优点：对环境干扰小，不影响城市建筑物的安全，不影响地下水位，施工对周围环境的破坏干扰最小；软土地质条件下施工速度较钻爆法快。盾构的缺点：盾构机的造价较昂贵，隧洞的衬砌、运输、拼装、机械安装等工艺较复杂，建造短于750m的隧洞经济性差。

3.3.2.3　悬臂掘进机

悬臂掘进机原作为重要的煤巷高效机械化掘进设备之一，自20世纪80年代初从国外引进后，经过多年的消化吸收、提高与创新，我国的悬臂掘进机有了长足的发展。

悬臂掘进机是一种集切割、装载、运输、行走、灭尘于一体，可同时实现截割剥离岩石、转载运输岩屑、设备自行走及喷雾除尘的综合掘进设备。目前市场上生产的隧洞用悬臂掘进机是在继承了煤矿用悬臂掘进机优势的基础上，结合隧洞施工工艺方法，进行了创新性的研究和升级，如增设卷缆装置替代人工拖拽电缆；设计加长、加高型运输机，便于直接接车出渣；配备机载除尘器，降低切割粉尘量；采用风冷电动机及风冷液压系统，减少隧洞用水量；配备司机室，防止落物伤人；控制整机尺寸，便于隧洞错车和防止与拱架台车等设备干涉。

在煤矿井下巷道岩石硬度 $f \leqslant 8$，上下山坡度为 $\pm 18°$ 左右时，大都采用悬臂式掘进机施工，其特点是轻便灵活、多功能集中。在国家大力提倡工程建设中机械化换人、自动化减人的背景下，可考虑借鉴悬臂式掘进机在煤矿应用的成功经验，将其用于工程隧洞施工，有助于提升工程隧洞开挖的机械水平。

在工程隧洞施工中，与钻爆法施工相比，用悬臂掘进机开挖隧洞有安全性较高、成型性好、对隧洞断面周围岩石扰动小、粉尘小、减少现场人工数量等优点。

隧洞用悬臂掘进机按配置的截割臂数量分为单臂掘进机与多臂掘进机。

单臂掘进机，顾名思义为单台掘进机上仅配置有一个截割臂的设备，按工作机构切割岩石的方式不同又分为纵轴式和横轴式悬臂掘进机，如图 3-9、图 3-10 所示。

图 3-9　纵轴式悬臂掘进机

图 3－10　横轴式悬臂掘进机

　　双悬臂掘进机（见图 3－11）的结构与单悬臂掘进机相似，仅是在悬臂掘进机主机架上设置了两套回转机构，分别对应安装有两个截割臂，其截割功率至少为单臂截割功率的两倍，油缸、电气系统均可单独控制，其余装渣铲板、输送机、行走、后支承等共用一套系统。为防止左、右截割臂回转发生碰撞，在设备上设置有报警传感器和机械防撞机构。采用双悬臂掘进机定位截割范围大、截割效率高，且断面可一次成型，使用于超大断面矿山隧洞工程的综合掘进与连续开采。

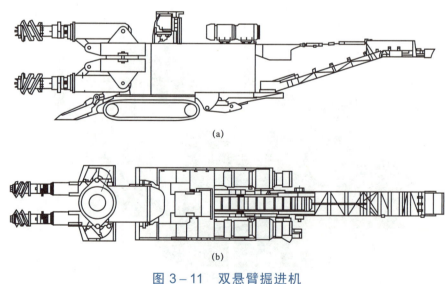

(a)

(b)

图 3－11　双悬臂掘进机

（a）正视图；（b）俯视图

　　目前，隧洞用悬臂掘进机的截割功率范围为 135～700kW，最大可达 1000kW，质量最大约为 200t，最大定位截割范围可达 10m×9m（宽×高），切割岩石硬度一般较适宜软岩，咨询厂家已研制出适应 120MPa 岩石的设备，但造价高，可靠性及经济性待验证。

北京 S1 中低速磁悬浮石景山隧洞、重庆曾家岩公路隧洞、重庆轨道交通 9 号线、贵阳八鸽岩公路隧洞等项目中曾采用悬臂掘进机施工。

3.3.2.4　静态爆破技术

静态爆破技术是一种以静力爆破剂，代替炸药的一种爆破技术，通过在岩体上钻孔，在钻孔中灌装静力爆破剂，依靠其膨胀力使岩石产生裂隙或裂缝，从而达到破碎的目的，可在无振动、无飞石、无噪声、无污染的条件下破碎或切割岩石及混凝土构筑物。该种施工方法适用于钢筋混凝土破碎拆除、岩石破碎拆除、铁道改建破碎工程、水电水利改建破碎工程等对爆破影响有特殊要求的工程，在建筑土石方工程中不能使用炸药的情况下破碎岩石具有一定的技术优势。但存在造价高、工序较复杂、效果不可控、潜在的药剂污染等缺点。静态爆破施工应用如图 3-12 所示。

图 3-12　静态爆破施工应用

3.3.2.5　盘锯切割

为解决传统的混凝土结构拆除方式存在的粉尘、噪声污染、对设计保留部分的混凝土结构破坏等问题，发展出盘锯钢筋混凝土切割工艺，解决了大型混凝土建筑改造中的施工难题，在结构功能的保护、工作效率的提高、施工安全以及环境保护等方面，均取得了满意的效果。

盘锯一般适用于对钢筋混凝土墙和板的切割、拆除或开门洞，使用在对切割面要求光滑、平直、美观的混凝土部位。切割深度根据锯片大小调整，目前采用 ϕ1600mm 金刚石圆盘锯最大切割深度可达 600mm。

盘锯的应用领域包括大体积混凝土切割、不规则形构筑物切割、水下作业切割、狭窄施工空间切割、特殊作业空间切割。钢筋混凝土切割是利用镶有金刚石的盘锯、绳锯或筒锯对准混凝土构件需要拆除的部位不断重复切割，利用金刚石超高的强度将钢筋混凝土切断，直至该部位切透为止。与此同时采用水冷却，即是切割设备降温需要又可防粉尘，降低噪声。

在抽水蓄能地下洞室中，厂房部位对采用盘锯切割进行了一定的尝试，山东文登抽水蓄能电站尝试将盘锯切割和传统爆破技术结合起来，对岩壁梁的立面岩台和斜面岩台采用采石场中常用的岩石切割机直接切割成型，切缝整齐，但效率待提高。

文登岩壁梁盘锯切割施工如图 3-13 所示。

图 3-13　文登岩壁梁盘锯切割施工

3.3.2.6 小结

盾构法是目前市政、引水等工程运用较为成熟的施工工法，在城市地铁和越江隧洞方面具有很大的优势，主要适用于在软土地质开挖，抽水蓄能项目地下隧洞围岩多为坚硬岩石，盾构法基本不适用。

悬臂掘进机作为重要的煤巷高效机械化掘进设备之一，具有轻便灵活、多功能集成、机械化程度高的特点，适用于岩石强度在 30～50MPa 的隧洞开挖。抽水蓄能项目地下隧洞围岩大多为 100MPa 以上的硬岩，采用悬臂掘进机刀具磨损大、施工效率低。

静态爆破技术主要用于对爆破影响有特殊要求的工程，作为钻爆法施工工艺的补充，在工程局部不能使用炸药爆破的情况下破碎岩石，应用于洞室开挖平均进尺约为 30m/月。该工法造价较高，同时工序较复杂、效果不可控，还有潜在的药剂污染等问题，不适合在大型项目中全面推广使用。

盘锯切割依靠液压马达驱动金刚石圆盘锯高速运转来研磨被切割体，完成切割工作，切割面光滑整齐、成型规则，对于常见的圆形、城门洞型、马蹄形等非直线断面的地下隧洞的适应性不强。文登抽水蓄能电站在地下厂房岩锚梁部位进行了盘锯切割的尝试，也存在施工效率不高等问题。

TBM 作为硬岩开挖的隧洞设备，具有安全环保、自动化程度高、节约劳动力、施工速度快等优点，可实现隧洞开挖全机械化施工，是目前最为先进的隧洞施工技术，可显著提升施工质量和安全水平，极大地缩短了工期。国内公路、铁路等隧洞开挖中已广泛应用 TBM，市政引水工程、水电工程中，也逐步开始采用 TBM 施工方法，抽水蓄能项目中也开始试点应用。同时在国外抽水蓄能项目中，已有较多 TBM 应用成功案例。

综合分析，开展 TBM 在抽水蓄能中的应用研究，是现阶段解决抽水蓄能项目施工机械化、改善施工环境的重要举措，有利于工程本质安全建设，具有广阔的发展前景。

第4章

抽水蓄能电站 TBM 应用研究思路

　　抽水蓄能电站地下洞室群包括进厂交通洞、通风兼安全洞、自流排水洞、排水廊道、排风排烟竖井、电缆洞、主副厂房、主变压器洞、尾闸室及其附属洞室、引水隧洞、尾水隧洞、尾水调压室及其附属洞室、泄洪排沙洞和各施工支洞等，各洞室长短不一，除厂房外开挖横断面尺寸在 3～12m 不等，各洞室地质条件也各不相同。某抽水蓄能电站输水发电系统三维透视图如图 4–1 所示。

　　TBM 施工工法在长隧洞连续掘进时具有较好的经济效益，短距离施工需要频繁地拆装 TBM 设备，对 TBM 设备使用寿命有较大影响，一般 TBM 在拆装 4 次后，主轴承等关键部件需要进行更换，随之带来的是 TBM 设备成本的大幅上升。同时，TBM 设备需要根据开挖洞室的断面尺寸、坡度、地质条件、转弯半径、支护要求等内容进行针对性设计，不同的洞径需要不同的 TBM 施工。由此可见，抽水蓄能电站错综复杂的地下洞室群若全部应用 TBM 施工工法显然是不经济和不太可行的。但随着我国 TBM 设备制造水平和能力的不断提高，以及综合考虑未来抽水蓄能电站建设水平及新技术应用的需求，为进一步研究和探讨在抽水蓄能电站建设中应用 TBM 施工提供了机遇和条件。

　　为进一步降低 TBM 的施工成本，需要对拟采用 TBM 施工的洞室进行选择。选择的原则主要从以下几个方面考虑：可以长距离连续施工，减少设备拆装机次数；拟施工的洞室尺寸相近，可以优化为同一断面，由同一台 TBM 施工；采用传统钻爆法施工难度大、有较大安全风险的洞室；可能影响电站建设总工期的关键洞室；TBM 尺寸具有通用性，可兼顾其他抽水蓄能电站施工需要，前一个电站施工结束后，设备转运至下一个电站继续施工，确保设备得到充分利用。

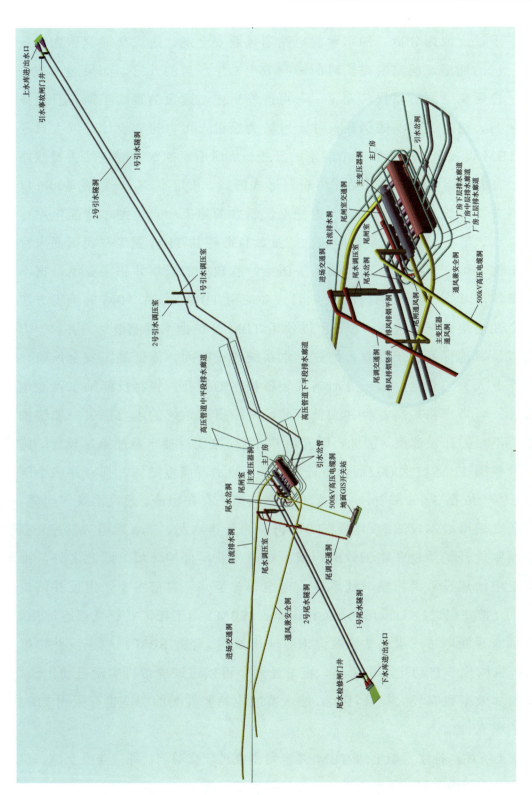

图 4－1　某抽水蓄能电站输水发电系统三维透视图

　　基于以上原则分析，抽水蓄能电站通风兼安全洞、进厂交通洞作为设备进出厂房的通道，洞室的完工时间影响着电站主厂房的开挖，如果通风兼安全洞、进厂交通洞可以提前完工，有可能缩短电站建设的直线工期，且通风兼安全洞、进厂交通洞的洞径尺寸一般较为接近，可以研究设计一款大直径平洞 TBM 设备，一次完成两个洞室的开挖，从而缩短抽水蓄能电站关键线路工期。抽水蓄能电站的斜井受厂房布置形式影响，长短不一，一般在 600m 以上。斜井具有长度较长、坡度大等特点，斜井的施工一直是抽水蓄能电站建设的重点、难点，施工安全风险较大。虽然目前斜井 TBM 施工在我国尚未有应用案例，但在日本、德国、瑞士等国家，有较多的长斜井施工业绩，据不完全统计，国外已有 80 多个斜井项目成功应用 TBM，斜井 TBM 的施工方法和安全性也得到充分验证。如果可以使用 TBM 开挖抽水蓄能电站斜井，一方面可以显著地提高施工效率，缩短引水系统建设时间，降低施工安全风险，保护作业人员的安全；另一方面施工装备技术的提升，也将反哺抽水蓄能电站设计，可考虑将短斜井合并为长斜井，减少引水系统的水力损失，加快抽水蓄能电站的建设速度。因此，研究斜井 TBM 施工对抽水蓄能电站设计、施工以及我国 TBM 技术的发展都有较大意义。抽水蓄能电站同时拥有许多小洞室，尺寸一般在 3.5m 左右，采用人工钻爆法施工存在出渣、通风困难等问题，可以研究采用成本较低的小洞径 TBM 开挖自流排水洞、排水廊道等洞室，提高小洞室的开挖质量和施工效率，减少爆破作业，保护环境。除此之外，抽水蓄能电站还设有调压室、通风井、电缆井等竖井，目前主要采用反井钻机法施工。竖井掘进机（shaft boring machine，SBM）施工在矿业领域已有应用，但在抽水蓄能电站或水电站领域尚未有应用案例。竖井 SBM 相较于反井钻机施工，机械化和自动化水平更高，施工过程中可以通过皮带机实现自动出渣，施工整体效率也有较大提升，因此，抽水蓄能电站竖井类的洞室也有采用 TBM 施工的研究价值。

　　综上所述，抽水蓄能电站 TBM 施工可围绕进厂交通洞、通风兼安全洞、引水斜井、自流排水洞、排水廊道、竖井等洞室开展研究。

4.1　通风兼安全洞及进厂交通洞 TBM 施工研究思路

抽水蓄能电站通风兼安全洞通往地下厂房的顶层，进厂交通洞一般通往厂房第三层的安装间，厂房开挖期间作为设备进出和出渣通道。抽水蓄能电站受地质条件影响，各电站厂房布置方案各不相同，通风兼安全洞和进厂交通洞长度一般在 1000～2000m 之间，综合纵坡一般在 5%左右，为满足出渣及大件设备运输需要，洞室设计尺寸一般在 8m×8m（宽×高）左右。使用 TBM 开挖通风兼安全洞、进厂交通洞理论上是可行的，但需要解决以下几个问题：

（1）洞径尺寸统一。通风兼安全洞和进厂交通洞洞型均为城门洞型，TBM 设备切割断面为圆形，在保障大件设备运输的前提下，需要进行洞径优化，将通风兼安全洞和进厂交通洞洞径尺寸统一，同时确保 TBM 设备切割后的断面尺寸满足电站使用要求。

（2）洞线优化。TBM 在公路、铁路、引水工程使用时，纵向坡度一般为 3%以内，抽水蓄能电站洞室综合坡度一般为 5%左右，厂房段坡度约为 10%。转弯变径方面，根据洞室尺寸初步计算 TBM 设备长度约为 100m，最小转弯半径约为 300m，钻爆法施工的洞线转弯半径较小，TBM 设备无法按照钻爆法施工的线路进行掘进，需要设计单位结合 TBM 设备性能进行适应性优化，对进厂交通洞、通风兼安全洞进入厂房的洞线进行优化，以适应设备的转弯及爬坡需求。TBM 设备厂家需要针对抽水蓄能电站坡度变化情况，进行针对性设计，以适应抽水蓄能电站掘进需要。

（3）出渣方式。出渣效率制约着设备整体掘进效率，与 TBM 设备配套的出渣方式一般为有轨机车或皮带机出渣，有轨机车出渣方式一般适用于 3%以内的坡度，皮带机出渣方式适用于长距离直线出渣，进厂交通洞和通风兼安全洞的坡度大于 3%，同时进出厂房段有大角度转弯，需要 TBM 设备厂家结合抽水蓄能电站的实际情况，进行适应性研究。

（4）掘进线路。为降低设备的使用成本，需要尽可能地增加连续掘进长度，减少设备拆装次数。根据抽水蓄能电站厂房的设计情况，TBM 无论从通风兼安全洞进入或者从进厂交通洞进入，掘进至厂房部位后，受制于设备自身的限制，均无法原路退回，厂房附近也不具备设备拆机条件。为实现连续掘进，设备需要穿越厂房，在掘完另一条洞室后，步出洞外进行拆机。掘进线路有以下 2 种：

1）TBM 施工线路 1：TBM 在通风兼安全洞洞口组装、调试→TBM 步进至始发洞就位→TBM 通风兼安全洞开挖→TBM 地下厂房开挖→TBM 进厂交通洞开挖→TBM 进厂交通洞洞口接收并拆机。

2）TBM 施工线路 2：TBM 在进厂交通洞洞口组装、调试→TBM 步进至始发洞就位→TBM 进厂交通洞开挖→TBM 地下厂房开挖→TBM 通风兼安全洞开挖→TBM 通风兼安全洞洞口接收并拆机。

通风兼安全洞及进厂交通洞 TBM 掘进示意如图 4-2 所示。

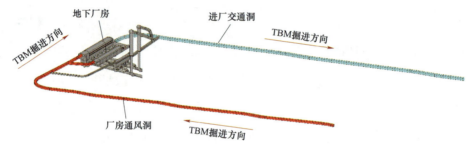

图 4-2　通风兼安全洞及进厂交通洞 TBM 掘进示意图

4.2　引水斜井 TBM 研究思路

受制于反井钻机施工工法的限制，为降低施工难度，国内抽水蓄能电站设计时将长斜井进行分段设计，某抽水蓄能电站引水系统三维布置如图 4-3 所示，在两条斜井之间增加水平施工支洞，缩短单条斜井长度，以降低斜井的施工难度。TBM 设备相对于反井钻机，不存在施工长度限制因素，连续掘进距离越长优势越大，因此研究将上斜井、下斜井合为一条长斜井使用 TBM 施工是可行的。

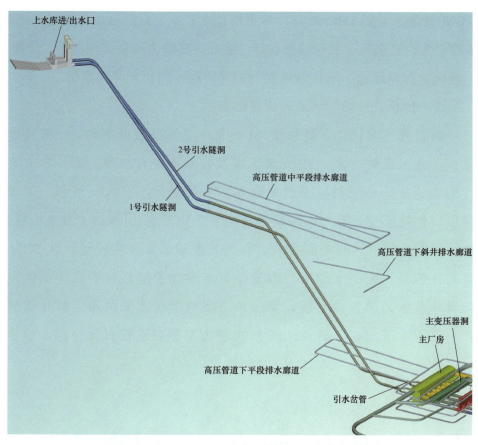

图 4-3　某抽水蓄能电站引水系统三维布置图

抽水蓄能电站引水斜井使用 TBM 施工，需要解决以下几个问题：

（1）断面尺寸统一。以河南洛宁抽水蓄能电站为例，引水上斜井净断面直径为 6.5m、长度为 325m，下斜井净断面直径为 5.6m、长度为 332m。斜井上、下段的尺寸不统一，需要 TBM 设备厂家或者设计单位进行调整，TBM 设备一般通过在刀盘下增加垫片的方式实现小范围变径，以适应地质不良段的衬砌支护要求，变径范围一般在 100mm 内，河南洛宁抽水蓄能电站斜井上段与下段断面尺寸相差 0.9m，超出设备的变径能力，且斜井段施工坡度较大，实现变径更加困难，需要设计单位进行输水发电系统调节保证设计和水力学条件复核，在保障机组安全、稳定运行的前提下，统一斜井上、下段断面尺寸。

（2）设备研发。目前国内没有斜井 TBM 施工案例，也没有可以直接使用的斜井 TBM 设备，需要 TBM 设备厂家根据抽水蓄能电站的地质条件、开挖断面、斜井坡度、支护要求等开展针对性设计。重点研究解决设备开挖掘进、防溜设计、出渣、通风、材料运输、不良地质段支护等问题，结合斜井布置情况，研究设备组装、步进、拆机、转场等一系列应对措施。

（3）长斜井方案优化。斜井 TBM 设备不受斜井长度制约，一般连续掘进长度越长，施工优势越大。TBM 施工涉及方案主要有 3 种，第一种方案是将原设计的长斜井、中平洞、下斜井合并为一条斜井，引水上平洞、下平洞和引水调压室位置不变。第二种方案是从电站上水库进/出水口直接"一坡到底"至引水下斜井末端，这种布置方式，斜井长度较长、坡度较缓，对 TBM 施工比较有利，但是需要引水调压井改变位置或增加长度，需要设计单位进行调节保证设计和水力学条件复核。第三种方案是引水上平洞和上斜井调整为一级斜井，保留中平洞和下斜井。以上 3 种方案需要进行对比分析，确定方式最优。

4.3　排水廊道 TBM 研究思路

为将抽水蓄能电站运行期间的渗漏、检修用水排出，一般在环绕电站主厂房、主变压器洞和尾水事故闸门室周边设置 3 层排水廊道。以河南洛宁抽水蓄能电站为例，上层排水廊道设在主厂房顶拱拱脚高程附近，与主厂房通风兼安全洞及主变压器排风洞相交并连通。中层排水廊道在主厂房发电机层高程附近，与进厂交通洞相交并连通。下层排水廊道设在主厂房尾水管层高程附近，与厂房集水廊道、自流排水洞连通。河南洛宁抽水蓄能电站排水廊道的断面尺寸为 3.00m×3.00m（宽×高），断面均为圆拱直墙型，自流排水洞连接下层排水廊道右侧末端，长度为 2036.57m，开挖断面尺寸为 3.10m×3.30m（宽×高），断面型式为城门洞形，顶拱为半圆形，断面支护后净空尺寸为 2.90m×2.85m（宽×高）。

排水廊道传统施工方法为钻爆法施工，3 层排水廊道需要分层施工，由于洞室洞径小，存在施工效率低、施工安全风险大、质量不易控制等问题，使用 TBM 进行排水廊道施工在安全和质量上有较大优势。为使 TBM 施工更加经济，需要研究如何一次性完成 3 层排水廊道施工的问题，掘进方向可以从上层掘进至下层，也可以从下层向上掘进至上层。为进一步发挥 TBM 长距离连续掘进的优势，具备条件的电站，可以考虑自流排水洞和排水廊道连续掘进施工，具体施工方式需要结合其他洞室的布置方案进行综合考虑。抽水蓄能电站排水廊道三维布置如图 4-4 所示。

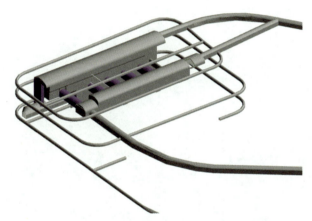

图 4-4　抽水蓄能电站排水廊道三维布置图

4.4　引水调压井（竖井）研究思路

引水调压室（竖井）施工一般采用反井钻机施工，先开挖直径为 200～300mm 的导向孔导孔，导向孔形成后，再底部安装直径为 1.2～1.4m 的扩孔钻头，沿着导向孔进行反向扩孔形成导井，根据引水调压室（竖井）尺寸，在导井的基础上使用反井钻机或钻爆法进行二次扩挖，最终扩挖至设计尺寸，开挖过程中的弃渣，通过底部施工支洞运输。竖井掘进机设计以传统竖井施工技术为基础，结合隧洞掘进机技术、物料垂直提升技术提出全断面竖井掘进机设计理念。设备采用刀盘开挖、刮板机清渣、斗式提升机提渣、储渣仓存渣，最终由吊桶装渣，提升机提升出井。竖井掘进机在矿业领域有应用案例，在抽水蓄能电站或水电站建设领域尚未有应用案例。竖井掘进机相较于传统施工工法，可地面远程控制，无须人员下井作业，施工自动化程度高，施工更安全，整体施工效率更高。引水调压井（竖井）施工需要结合现场地形，布置工作平台。竖井掘进机施工方向从上往下，需要重点研究设备掘进及出渣问题以及盲井的施工问题。

第5章

抽水蓄能电站 TBM 施工可行性研究

本章节以河南洛宁抽水蓄能电站为例，对其进厂交通洞、通风兼安全洞、排水廊道、自流排水洞、引水斜井、引水调压竖井等洞室进行逐个分析研究，从设计方案布置优化、TBM 设备研发等角度分析 TBM 施工的技术可行性，并从施工组织角度进行施工方案探讨，在工期、费用等方面与传统钻爆法进行比较，分析TBM 施工在各类洞室的技术可行性及优缺点等。

5.1 工程概况

5.1.1 洞室概况

河南洛宁抽水蓄能电站位于河南省洛阳市洛宁县涧口乡境内，电站离洛阳市直线距离为 80km，对外交通便利。电站安装 4 台单机容量为 350MW 的可逆式水轮发电机组，总装机容量为 1400MW。电站主要建筑物包括上水库、输水系统、厂房系统和下水库等，地下洞室群主要包括调压竖井、引水平洞、引水斜井、排水廊道、进厂交通洞、通风兼安全洞、厂房、主变压器室等。

进厂交通洞长为 1745m，城门洞型，断面净尺寸为 7.8m×7.8m（宽×高），平均纵坡为 −4.9%，衬砌长度约为 535m。

通风兼安全洞长为 1423m，城门洞型，净断面尺寸为 7.50m×7.00m（宽×高），平均纵坡为 −5.93%，衬砌段长约为 343m。

　　上层排水廊道环绕主厂房和主变压器洞布置，长约为 943m；中层排水廊道围绕三大洞室布置，长为 792m；下层排水廊道环绕地下厂房上游及两侧布置，长为 540m。开挖断面净尺寸均为 3.0m×3.0m（宽×高）。

　　自流排水洞长约为 2235m，城门洞型，净断面尺寸为 2.9m×2.85m（宽×高），洞口底板高程为 471.00m，终点接厂房端底板高程为 482.80m，平均纵坡为 0.528%。排水廊道、自流排水洞总长度约为 4430m。

　　输水发电系统布置于大鱼沟与白马洞之间的山体内，总体呈东南–西北走向，上下水库进/出水口间水平直线距离约为 3975.00m，距高比为 6.58。电站发电额定水头为 604.00m，最大水头为 642.00m，最小水头为 570.90m，额定流量为 66.60m³/s；抽水工况最大扬程为 649.40m，最小扬程为 588.00m，最大抽水流量为 57.82m³/s。

　　引水、尾水系统均按一洞两机布置，设置上、下游调压室，水流进/出厂房方式采用斜进斜出；引水立面采用 2 级斜井布置，尾水采用一坡到底的布置。

　　输水系统建筑物包括上水库进/出水口、引水主洞（包括上平段、上斜井段、中平洞段、下斜井段、下平段）、上游调压室、尾闸室、尾水洞、尾水调压室和下水库进/出水口等。

　　河南洛宁抽水蓄能电站部分主要洞室参数见表 5–1。

表 5–1　　　　　　　　部分主要洞室参数表

名称	净断面（m）	开挖长度（m）	隧洞埋深（m）	隧洞坡度（°）	隧洞岩性
进厂交通洞	7.8×7.8（宽×高）	1745.04	10～630	2.8	中等风化～新鲜斑状花岗岩，Ⅱ、Ⅲ类为主，单轴饱和抗压强度为 90～150MPa，弱透水
通风兼安全洞	7.5×7（宽×高）	1423	10～630	3.4	中等风化～新鲜斑状花岗岩，Ⅱ、Ⅲ类为主，强度 90～150MPa，弱透水
引水洞（1号、2号，含上平洞）	$\phi 6.5$～$\phi 5.6$	5525.7	184～684	60	中等风化～新鲜斑状花岗岩，Ⅱ、Ⅲ类为主，强度 90～150MPa，弱透水
排水廊道	3×3（宽×高）	2245	370～560	0.32	中等风化～新鲜斑状花岗岩，Ⅱ、Ⅲ类为主，强度 90～150MPa，弱透水

续表

名称	净断面 （m）	开挖长度 （m）	隧洞埋深 （m）	隧洞坡度 （°）	隧洞岩性
调压竖井	φ11	92	0~92	90	中等风化～新鲜斑状花岗岩，Ⅱ、Ⅲ类为主，强度 90～150MPa，弱透水

5.1.2　工程地质概况

河南洛宁抽水蓄能电站工程区位于伏牛山区熊耳山北坡，北临洛河河谷，地势南高北低，洛河二级支流均自南向北注入洛河，河谷狭窄，切割深、比降大。工程区域内地层分布广泛，工程场址区内岩性主要是燕山晚期斑状花岗岩。

场址区位于华北地台的华熊台缘坳陷中部。区域范围内的断裂多为早、中更新世断裂和前第四纪断裂，全新世活动断裂距工程场地均在 100km 以远，从区域地震构造方面来看，工程场地安全性较好。

近场区内存在的洛河断裂为第四纪早—中更新世断裂，该断裂不是发震断裂；工程区范围内分布的规模较小的断层均不是活动断层，不会出现断层地表断错工程建筑物的构造条件。从断裂活动性、地震活动性等方面分析，工程区属于构造稳定性好的地区。

输水发电系统布置在大鱼沟与白马涧之间，呈 NW—SE 向展布。区内地形总的趋势是南高北低，地形最大高程为 1466.00m。除东侧的大鱼沟和西侧的白马涧两条近 SN 向的深切冲沟外，输水线路沿线还有一条冲沟—赵沟切割。

厂房布置区山体雄厚，洞室铅直埋深为 570～658m，上覆岩体厚为 560～650m。岩性为燕山晚期斑状花岗岩，岩石致密、坚硬。

区内地表绝大部分基岩裸露，为燕山晚期斑状花岗岩，岩石致密、坚硬，透水性弱。全、强风化岩体最大下限埋深约为 10.0m。中等风化至微新岩体呈块状结构，完整性较好。

区内无区域性断裂构造发育，主要结构面为小规模的断层与节理裂隙。据平面地质调查和勘探平洞揭露，输水发电系统发育的断层有 59 条，主要节理裂隙以

① 组 45°～65°/NW∠75°～88°，② 组 35°～65°/SE∠78°～88° 相对较发育，其出露长度大部分贯穿洞室 3 壁，沿①、②组节理裂隙面大多见有程度不同的蚀变现象。

输水发电系统工程区地下水主要是基岩裂隙水，地下水受大气降水补给。工程区地下水较丰富，受季节性影响较大。由于冲沟的切割和构造发育程度不均一，地下水位埋深差异性较大，厂房地表一带地下水位藏较浅，最大埋深为 13m。厂房区地下水主要分布于靠近地表的裂隙岩体中，微新岩体部位总体较为贫乏，断层及节理密集带是主要含水体和透水通道。在断层带、节理裂隙密集带发育部位洞壁有渗水或滴水，部分洞段沿裂隙有线状流水。

区内无大的不良地质体分布，物理地质作用主要表现为岩体风化与卸荷、崩塌。崩坡积体厚度一般在 5m 以内。岩体的风化各部位差异较大，一般在沟谷区风化相对较浅，山脊和山坡风化相对较深。

5.1.3　工程水文概况

洛宁县降水量年际变化大，年内分配不均，7 月降水最多，12 月降水最少，降水集中在 6～9 月，约占年降水量的 85%，最大 24h 降水量为 276.1mm（华山水文站，1982 年 7 月 31 日）。

上、下水库径流主要来源于降水，坝址径流采用下河村水文站径流按面积比修正。上、下水库以及下水库拦沙坝集雨面积分别为 0.69、25.9、23.7km²，多年平均流量分别为 0.004、0.138、0.126m³/s。

5.2　交通洞及通风兼安全洞 TBM 应用研究

5.2.1　原洞室布置方案

原洞室布置如图 5-1 所示。

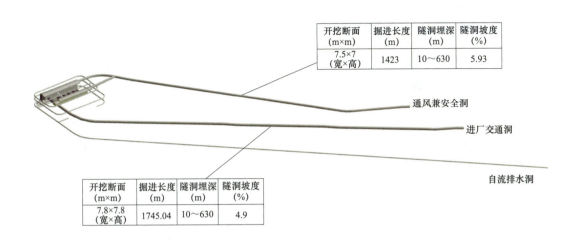

开挖断面 (m×m) (宽×高)	掘进长度 (m)	隧洞埋深 (m)	隧洞坡度 (%)
7.5×7 (宽×高)	1423	10～630	5.93

通风兼安全洞

进厂交通洞

自流排水洞

开挖断面 (m×m) (宽×高)	掘进长度 (m)	隧洞埋深 (m)	隧洞坡度 (%)
7.8×7.8 (宽×高)	1745.04	10～630	4.9

图 5-1　原洞室布置图

进厂交通洞穿主变压器洞后自厂房下游侧边墙进厂，向外直通 1 号公路。从洞口至主变压器洞下游边墙全长为 1745.04m，洞口高程为 598.50m，洞内进厂高程为 513.60m，综合纵坡为 4.9%，洞口段设置向洞外的反向坡，进厂交通洞采用城门洞型断面，根据目前大件运输资料和进厂交通洞自身宽度需要，断面净空尺寸为 7.80m×7.80m（宽×高）。

通风兼安全洞连接主厂房排风机房，连接处底板高程为 532.10m，地面出口高程为 617.00m，总长为 1423.00m，综合纵坡为 5.93%，地面出口向外连接 1 号公路。通风兼安全洞为厂房的通风通道，又作为地下厂房前期施工主要交通通道，也是施工期地下三大洞室（主副厂房洞、主变压器洞、尾闸洞）上部开挖的出渣通道，断面尺寸由通风需求和施工出渣运输需求综合确定，断面净空尺寸为 7.50m×7.00m（宽×高），采用城门洞型截面。

5.2.2　TBM 施工洞室设计方案优化

5.2.2.1　设计方案优化原则

TBM 施工相较于钻爆法施工具有众多优势，其中最大的优势是可以连续工厂化作业，为充分发挥 TBM 的掘进优势，设计方案优化时基于以下几个原则进行优化：

（1）为保障 TBM 的掘进效率，应尽量增加 TBM 连续掘进的长度，减少掘进过程中的拆装机次数，从而保障 TBM 的掘进效率。

（2）为降低 TBM 的制造成本，进厂交通洞与通风兼安全洞原则上应采用同一台 TBM 施工，设计方面应综合考虑电站后期大件运输、厂房施工出渣等需求，尽量将进厂交通洞与通风兼安全洞断面尺寸统一。同时该尺寸应具有通用性，对后续建设的其他抽水蓄能电站同样适用，从而提高 TBM 设备的适应性，降低 TBM 制造成本。

（3）洞室优化要基于 TBM 设备性能进行设计，优化后的洞室坡度、转弯半径须满足 TBM 掘进的要求。

（4）厂房段坡度稍大，需要设计单位与 TBM 设备制造厂家共同研究，尽量在 TBM 不拆机的情况下，穿过厂房，实现进厂交通洞、地下厂房、通风兼安全洞连续掘进。

5.2.2.2 TBM 施工断面设计

进厂交通洞室断面尺寸主要考虑大件运输要求，通风兼安全洞断面尺寸主要考虑厂房上部开挖出渣要求，进厂交通洞净空断面为 7.8m×7.8m，通风兼安全洞净空断面为 7.5m×7m，为使用一台 TBM 连续掘进，需将通风兼安全洞净空断面尺寸也调整为 7.8m×7.8m。

根据隧洞净空（7.8m×7.8m）限界要求，以及满足初期支护（Ⅱ、Ⅲ类围岩初喷混凝土厚度为 0.1m，Ⅳ、Ⅴ类围岩初喷混凝土厚度为 0.15m）要求的情况下，经洞线断面模拟，进厂交通洞与通风兼安全洞采用直径为 ϕ9.53m 的 TBM，可以满足施工需要。

进厂交通洞、通风兼安全洞洞室模拟图如图 5-2、图 5-3 所示。

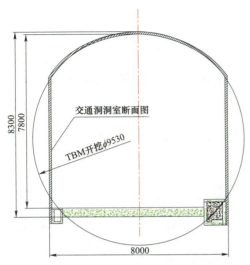

图 5-2　进厂交通洞洞室模拟图　　　　图 5-3　通风兼安全洞洞室模拟图

$\phi 9.53$m 的 TBM 开挖能满足最大件运输要求，同时留有 500mm 的运输安全余量。TBM 掘进后，使用预制仰拱块铺底，浇筑一期混凝土，上平面作为渣车运输通道，隧洞掘进完成后进行二期混凝土浇筑。

最大件运输、开挖支护模拟如图 5-4 所示。

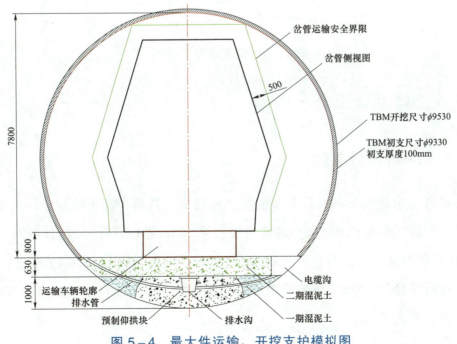

图 5-4　最大件运输、开挖支护模拟图

5.2.2.3　TBM 施工与洞室设计修改方案

（1）为避免进厂交通洞线路在厂房边墙范围内转弯，影响岩壁吊车梁，需调整进厂交通洞为厂房端头进洞。根据 TBM 的最小转弯半径，调整后进厂交通洞全长为 2039.371m，洞口高程为 598.500m，洞内进厂高程为 513.60m，综合纵坡为 4.2%。通风兼安全洞长度为 1423m。

（2）进厂交通洞与通风兼安全洞沿主厂房纵轴线直接斜穿连接，长度为 177m，起点高程为 513.60m，终点高程为 532.10m，纵坡为 10%。掘进线路示意如图 5-5 所示。

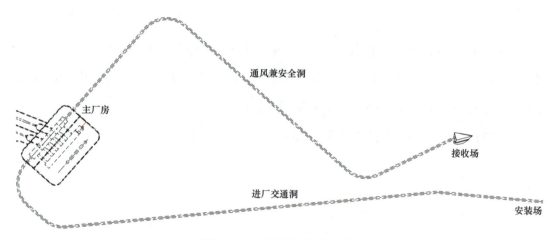

图 5-5　掘进线路示意图

5.2.3　TBM 装备设计

5.2.3.1　TBM 设计参数

抽水蓄能电站地下洞室具有长度短、坡度大、转弯半径小的特点，为适应抽水蓄能电站施工需要，TBM 最小转弯半径按照 100m 进行设计，刀盘直径为 9.53m。

TBM 开挖直径（新刀）为 9.53m，整机总长约为 100m，总重约为 1000t，水平最小转弯半径为 100m，纵向爬坡能力为 ±10%，装机功率为 5724kW。TBM 主要技术参数见表 5-2。

表 5－2　　　　　　　　　　TBM 主要技术参数表

项目	参数列表	单位	备注
1. 整机性能概述			
开挖直径	ϕ 9530	mm	
刀盘转速	0～3.2～6	r/min	
最大推进速度	100	mm/min	
最大推力	27 480	kN	
整机总长	约 100	m	
主机总长	约 16	m	
总重（主机＋后配套）	约 1000	t	
装机功率	5724	kW	
整机最小水平转弯半径	100	m	
纵向爬坡能力	±10	%	
2. 刀盘			
刀盘规格（直径×长度）	ϕ 9530×1940	mm	
旋转方向	正/反		
分块数量和方式	5 块（4＋1）		
结构总重	约 250	t	不含滚刀
主要结构件材质	Q355D		
中心滚刀数量/直径	4/ϕ 432（17″）	把/mm	
单刃滚刀数量/直径	60/ϕ 483（19″）	把/mm	
滚刀额定载荷	17″/25；19″/31.5	t	
滚刀安装方式	背装刀		
铲斗数量	10	个	
3. 主驱动			
驱动型式	电驱		
驱动组数量	12	组	
驱动总功率	4200	kW	
最大转速	6	r/min	
额定扭矩	11 797	kN·m	

续表

项目	参数列表	单位	备注
脱困扭矩	17 695	kN·m	
主轴承直径	5880	mm	
主轴承寿命	＞15 000	h	
密封型式	唇形密封		
内唇形密封数量	3	道	
外唇形密封数量	3	道	
4. 盾体			
前盾规格（直径×长度）	9280×2650	mm	
支撑盾规格（直径×长度）	9280×3900	mm	
5. 推进系统			
推进行程	1500	mm	
最大推进速度	100	mm/min	
油缸数量	18	个	
最大工作压力	320	MPa	
最大推力	2748	t	
6. 撑靴系统			
撑靴油缸数量	2	个	
总的有效撑靴力	64 340（350bar）	kN	
最大接地比压	＜3	MPa	
液压油缸类型/品牌	恒立		
7. 主机皮带运输机			
带宽	1200	mm	
传送带长度	约 70	m	
运输速度	0～2.5	m/s	
装机功率	75	kW	
驱动类型	液驱		
出渣能力	1100	t/h	

续表

项目	参数列表	单位	备注
8. 后配套皮带运输机			
带宽	1200	mm	
传送带长度	约 70	m	
运输速度	0～2.5	m/s	
装机功率	75	kW	
驱动类型	液驱		
出渣能力	1100	t/h	
9. 锚杆钻机系统			
数量	2	套	
冲击能量	11	kW	
转动速度	0～320	r/min	
孔径	$\phi 33～\phi 51$	mm	
泵站装机功率	125	kW	
操作方式	液控/无线		
10. 混凝土喷射系统			
操作方式	无线 + 有线		
机械手数量	2	台	
喷浆泵数量	2	件	
单台能力	20	m³/h	
喷浆范围	270	(°)	
喷嘴与墙体距离	≥1000	mm	
移动行程	6 + 6	m	
L1区机械手数量	2	台	
L1区喷浆泵数量	2	件	
11. 后配套拖车			
结构	门架式		
拖拉油缸	2	个	
拖拉油缸腔径杆径	$\phi 250/\phi 130$	mm	

项目	参数列表	单位	备注
拖车数量	5	个	
桥架数量	3	个	
12. 液压系统			
名义工作压力	35	MPa	
过滤精度	10	μm	
13. 润滑系统			
油脂桶容量	60	L	
过滤精度	25	μm	
14. 电气系统			
工作区域的照明	≥200	lx	
应急照明能力	2	h	
15. 有害气体探测和报警系统			
规格型号	工业类型		
监测气体种类	CH_4、H_2S、CO、CO_2、O_2		
探测器数量	7	个	
16. 遇火报警和灭火系统			
移动灭火器布置位置	约每 10	m	
自动灭火器安装范围	液压泵站、主控制柜		
17. 电视监视系统			
摄像头数量	7	个	
监测器数量	1	个	
硬盘容量	500	GB	
通信点数量	7	个	
18. 除尘系统			
除尘器数量	1	台	
类型	干式		
过滤装置精度	0.5	μm	
19. 二次通风系统			

续表

项目	参数列表	单位	备注
通风管道直径	$\phi\,2200$	mm	
储风筒数量	2	个	
储风筒容量	200	m	
空气软管直径	$\phi\,1200$	mm	
风量	30.4	m^3/s	
通风冷却器型式	水冷		
20.　供水系统			
水温	<25	℃	
用水口布置	约每 20	m	
排水管数量/直径	$1 \times$ DN80	mm	
排水泵类型	潜水泵		
21.　空气压缩系统			
压缩机数量	2	个	
压缩机总容量	2×23	m^3	
最大压力	0.8	MPa	
储气罐容量	2.5	m^3	
储气罐数量	2	个	
22.　运输系统			
储风筒吊机	5t/1 台/中国/手动控制		
设备桥物料吊机	2t/2 台/中国/遥控器控制		
钢轨吊机	1t/1 台/中国/手动控制		
刀具运输吊机	1t/1 台/中国/手动控制		
刀盘内刀具吊机	0.5t/1 台/中国/遥控器控制		
直臂吊机	3t/1 台/中国/手动控制		
后配套尾部吊机	2t/1 台/中国/手动控制		
混凝土罐吊机	25t/1 台/中国/手动控制		
油脂桶吊机	1t/1 台/中国/手动控制		

续表

项目	参数列表	单位	备注
23. 装机功率			
总装机功率	5724	kW	
刀盘驱动功率	4200	kW	
液压系统功率	400	kW	
主机皮带机功率	75	kW	
后配套皮带机功率	75	kW	
润滑系统功率	37	kW	
锚杆钻机功率	125	kW	
混喷系统功率	110	kW	
除尘器功率	110	kW	
二次风机功率	55	kW	
空气压缩机功率	132	kW	
供排水系统功率	150	kW	
照明功率	5	kW	
插座箱功率	150	kW	
其他设备功率	100	kW	

5.2.3.2　TBM 整机设计

TBM 从刀盘向后依次由主机、设备桥、喷混桥、后配套组成，包括开挖系统、推进系统、支护系统、物料运输系统、轨线延伸系统、监控系统、通风除尘系统、供排水系统、照明系统、有毒有害气体检测系统等，整机全长约为 100m。TBM 整机如图 5-6 所示。

1. TBM 主机

TBM 主机全长约为 16m，区域包括刀盘、集渣斗、前盾、主驱动、推进油缸、扭矩油缸、支撑盾、撑靴、拱架拼装器、锚杆钻机、主机皮带机等，主机区域负责 TBM 开挖、开挖方向的调整执行、设备的支撑推进、锚杆拱架初支、刀盘渣料的运输传导等功能，为 TBM 核心区域。TBM 主机如图 5-7 所示。

图 5-6　TBM 整机图

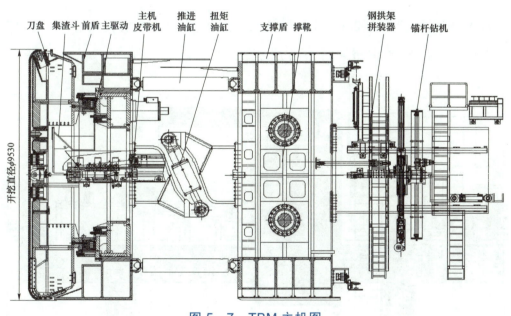

图 5-7　TBM 主机图

2. TBM 设备桥

TBM 设备桥全长 30m，区域包括锚液压润滑泵站系统、液压动力柜、物料转运系统、除尘系统、主控室、维修间刀等，设备桥区域负责 TBM 液压系统动力源输出、TBM 操作执行、材料的转运、主机区域的润滑执行单元及轨线延伸等功能，为 TBM 主机与后配套连接机构。

TBM 设备桥如图 5-8 所示。

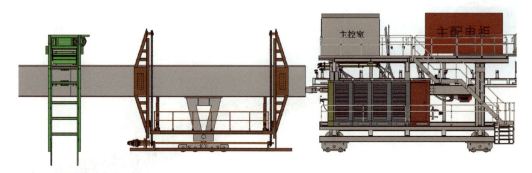

图 5-8　TBM 设备桥

3. TBM 喷混桥

TBM 喷混桥全长为 24m，区域包括 2 套初喷混凝土喷射机械手，负责 TBM 混凝土初喷。TBM 喷混桥如图 5-9 所示。

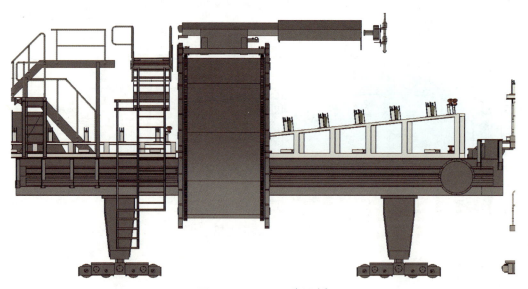

图 5-9　TBM 喷混桥

4. TBM 后配套

TBM 后配套全长为 30m，区域包括高压变压器配电设备、混凝土输送泵系统、应急发电机、一次风筒延伸、吊机、卫生间、控制柜、空气压缩系统、污水箱、供水管延伸系统等，后配套区域负责 TBM 高压变压器配电、弱电控制、混凝土输送、空气压缩、供排水、一次风筒延伸、应急发电等，为 TBM 服务机构。TBM 后配套如图 5-10 所示。

图 5-10　TBM 后配套

5.2.4　TBM 施工规划

5.2.4.1　线路规划

进厂交通洞、地下厂房和通风兼安全洞利用 TBM 设备可一次开挖完成，其施工工法与地铁、水利等工程 TBM 施工工法一致，在技术上完全可行。掘进路线有以下两种：

（1）TBM 施工线路 1：TBM 在通风兼安全洞洞口组装、调试→TBM 步进至始发洞就位→TBM 通风兼安全洞开挖→TBM 地下厂房开挖→TBM 进厂交通洞开挖→TBM 进厂交通洞洞口接收并拆机。

（2）TBM 施工线路 2：TBM 在进厂交通洞洞口组装、调试→TBM 步进至始发洞就位→TBM 进厂交通洞开挖→TBM 地下厂房开挖→TBM 通风兼安全洞开挖→TBM 通风兼安全洞洞口接收并拆机。

施工线路 1、2 掘进方向相反，从通风兼安全洞或者进厂交通洞始发掘进均满足整体施工要求，具体施工线路需根据电站实际情况确定，以河南洛宁抽水蓄能电站为例，根据设计要求，进厂交通洞接近厂房位置还需开挖两条施工支洞，其中一条开挖至引水斜井，另一条开挖至下层排水廊道，从施工工序及工期方面考虑，从进厂交通洞始发掘进，可以更快地到达施工支洞开挖位置。因此，河南洛宁抽水蓄能电站进厂交通洞、通风兼安全洞 TBM 掘进采用施工线路 2，具体施工线路平面布置图见图 5-11。

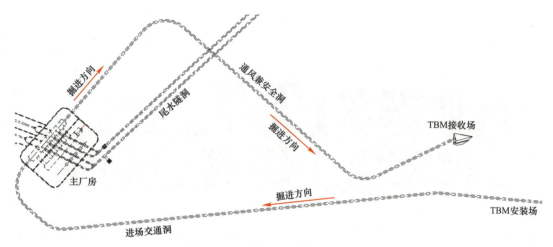

图 5-11　施工线路平面布置图

施工剖面布置如图 5-12 所示。

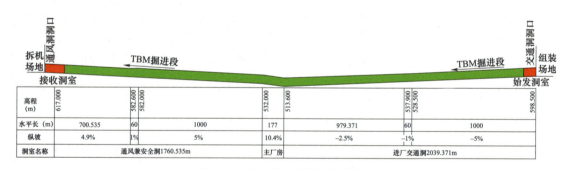

图 5-12　施工剖面布置图

5.2.4.2　现场规划

1. 组装场地布置

根据现场地质条件，具备条件的情况下优先采用洞外组装方式，步进入始发洞进行掘进。TBM 洞外组装场地依据 TBM 直径、长度、不可分割件尺寸及刀盘的反转等因素进行规划，经初步计算，TBM 最小洞外组装场地面积为 100m×20m（长×宽）＝2000m²，地面进行混凝土硬化处理，组装区域配备 200t 门吊，辅助

50t 汽车吊进行组装作业。洞外组装场地布置如图 5－13 所示。

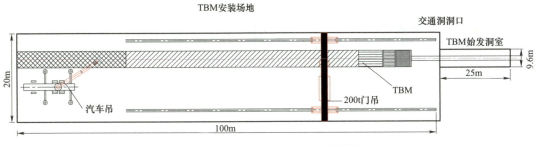

图 5－13　洞外组装场地布置图

2. 始发洞室、接收洞室布置

TBM 始发洞室根据刀盘的开挖直径、设备主机支撑的位置及 TBM 姿态控制等因素进行设计，为满足掘进要求，TBM 组装洞室断面设计为马蹄型，洞室最小长度为 25m，断面直径为 9.6m（比 TBM 开挖直径稍大），底板进行混凝土硬化处理，并预留导向槽，TBM 接收洞室与始发洞室设计一致。TBM 始发、接收洞室断面如图 5－14 所示。

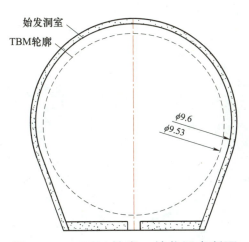

图 5－14　TBM 始发、接收洞室断面

3. TBM 开挖及支护

在 TBM 向前掘进过程中，盘形滚刀在刀盘推力作用下贯入掌子面岩石，一方面随着刀盘旋转作公转运动，另一方面绕自身刀轴作自转运动。掌子面岩石在

滚刀刀刃的滚压作用下不断破碎、剥落，实现破岩开挖。掉落的渣料由刀盘铲刀收集后通过皮带机运输至设备尾部。裸露的围岩在支撑盾后方设备桥（整机结构参见 5.2.3.2）L1 区域进行拱架、网片、锚杆、超前喷混等支护作业，在后配套喷混系统进行系统混凝土喷射作业，局部Ⅳ、Ⅴ类围岩破碎带，在 TBM 通过后进行永久支护作业。

4. TBM 开挖后洞室布置

TBM 在掘进过程中，通过设备桥底部的仰拱吊机延洞线铺设仰拱预制块（预制的仰拱预制块应设计排水沟和电缆穿行管廊功能），满足 TBM 掘进过程中人员、施工材料、渣料的运输等需求，施工完成后在仰拱预制块基础上浇筑形成永久运输路面。在 TBM 后配套尾端，顺次延伸新鲜风筒、供排水管、动力照明线缆、控制光缆等。TBM 开挖后洞室布置如图 5－15 所示。

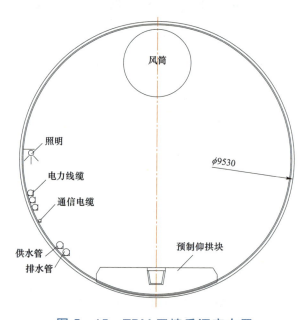

图 5－15　TBM 开挖后洞室布置

5. TBM 施工出渣及运输

根据进厂交通洞、通风兼安全洞的坡度设计情况，TBM 施工坡度范围为－5％～＋10.4％，普通有轨列车能适应的爬坡范围仅在±3％，普通有轨运输列车不能满足出渣要求；此外，进厂交通洞、通风兼安全洞末端水平转弯半径约为100m，掘进过程中需多次转弯，隧洞施工距离相较于水利、铁路等工程也较短，传统的连续皮带机出渣方案在抽水蓄能电站实施起来比较困难，鉴于此，推荐采用 35t 无轨双向驾驶胶轮车（最大满足 20% 的纵坡牵引）牵引出渣，TBM 掘进切削的岩渣从刀盘溜渣槽进入刀盘中心的皮带机输送至后配套出渣口，渣落至矿车内，矿车由无轨胶轮车牵引运至洞外的门吊翻渣台翻渣，再使用自卸车运输至指定渣场进行堆存。

（1）洞内运输轨线布置：根据隧洞断面和洞内运输要求，洞内运输采用单线无轨运输，如图 5-16 所示。

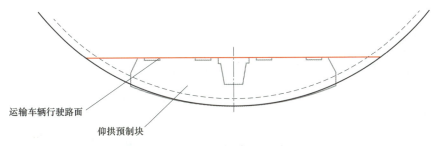

运输车辆行驶路面

仰拱预制块

图 5-16　轨道铺设示意图

（2）运输编组：列车编组满足 TBM 连续掘进和最高掘进效率时的出渣及洞内材料供应需求，其编组方式为 1 节人车+无轨列车+5 节矿车（每列 25m³）+2节平板车。施工材料根据需要编组材料车运送，主要以机车+渣车的方式为主，每天根据施工安排进行灵活编组。无轨双向驾驶胶轮车如图 5-17 所示。

图 5-17　无轨双向驾驶胶轮车

（3）洞外运输设备：TBM 渣料运输至洞口后，通过洞口门吊进行翻渣，存放至洞口临时弃渣场，然后由自卸车运输至指定渣场。

6. TBM 通风方式

为满足 TBM 施工要求，需要采用压入式通风，洞内通风风速要求不小于 0.5m/s，出口风量不小于 58.2m³/s，风压不小于 3603Pa，经初步测算风机功率不小于 245kW。因此，进厂交通洞口及通风兼安全洞选用 2×160kW 变频轴流风机，最大供风量为 61.4m³/s，最大风压为 4100Pa，风筒直径为 2.2m。

7. TBM 方向控制

根据隧洞施工精度要求，TBM 上配备激光导向系统，导向系统以固定参考点激光器发出的光束为基准计算 TBM 位置，通过 TBM 位置计算与设计轴线的偏差，并在显示器上清晰显示，指导掘进操作。激光导向系统如图 5-18 所示。

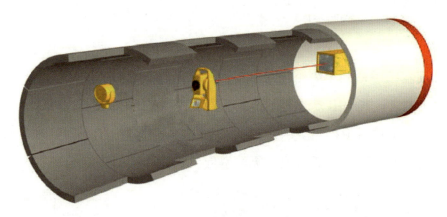

图 5-18　激光导向系统

8. TBM 施工组织机构及人员配置

参照水利、铁路等 TBM 施工工程，为保障 TBM 的安全高效掘进，现场一般配备掘进班组、整备班组、道具班组、保障班组等，人员约 100 人。TBM 施工采取二班制，二班掘进一班整备，掘进工班每班工作 10h，整备工班工作 4h，每天 08:00—12:00 整备。TBM 施工组织机构及人员构成如图 5-19 所示。

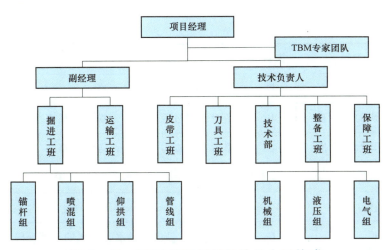

图 5-19　TBM 施工组织机构及人员构成

各工班人员配备见表 5-3。

表 5-3　　　　　　　　　　各 工 班 人 员 配 置 表

工班	工种	人数	备注
掘进班	班长	1×2	负责掘进工班的所有工作
	主司机	1×2	负责 TBM 操作
	L1 锚杆组	5×2	1 名组长，2 名操作手，2 人安装锚杆
	喷混凝土	4×2	1 名组长，2 名操作手，1 人上料
	仰拱块铺设	6×2	1 名组长，3 人安装，2 人清底
	皮带、风筒、管线延伸	3×2	1 名组长，2 人负责风筒及管线
	机械、液压系统工程师	1×2	负责 TBM 机械及液压系统的巡查及维修
	电气工程师	1×2	负责 TBM 电气系统的巡查及维修
	土木工程师	1×2	负责工班地质、支护、质量检验工作
	测量	1×2	负责施工测量及导向系统检修
	小计	48	
整备班	班长	1	负责整备工班的所有工作
	机械组	3	主机 1 人，锚杆、喷混凝土各 1 人，焊工 1 人
	液压组	3	主机液压、润滑 1 人，钻机、喷混凝土 1 人，注脂 1 人
	电气组	3	主机 2 人，其余设备 1 人
	小计	10	

续表

工班	工种	人数	备注
刀具班	班长	1	全面负责刀具维修及更换
	跟班刀具检查	4	负责掘进过程中查刀、换刀，每班 2 人
	刀具检查更换	4	整备期间查刀、换刀、刀盘检修
	刀具车间	4	检修更换下来的刀具、组装新刀
	小计	13	
保障班	班长	1	负责 TBM 供电、供水、供风的全面保障工作
	工人	3	风、水、电系统的日常检查与维修
	班长	1	全面负责运输工班工作
	机车司机	8	考虑 3 个编组运输 TBM 施工材料，1 列调车
	跟车、扳道	2	每班考虑 2 人
	材料装卸	10	每班 5 人
	车辆维修	4	机车及运输车辆的检修
	小计	29	归综合保障队
	合计	100	

5.2.5　TBM 施工组织设计

5.2.5.1　TBM 组装人员配置

TBM 最大不可拆卸件质量为 170t，设备安装时拟选用 1 台 2×100t 门吊（也称门式起重机）进行作业。TBM 组装由设备制造单位提供技术指导和现场技术支持，施工单位提供专业技术人员及劳动力支持。TBM 组装期间将针对 TBM 组装的特点按照每天 3 班作业模式，组织专业技术人员和劳动力组成 TBM 组装队伍。TBM 组装人员配置如表 5-4 所示。

表 5-4　　　　　　　　　　TBM 组装人员配置表

班组	人员配备	备注
技术组	专家 5 人	
机械组	技术人员 6 人	3 班作业
	技术工人 30 人	
液压组	技术人员 6 人	3 班作业
	技术工人 24 人	
电气组	技术人员 6 人	3 班作业
	技术工人 24 人	
保障组	29 人	其中总调度 1 名，调度 3 名
安全员	3 人	3 班作业

5.2.5.2　TBM 组装方案

TBM 组装主要包括主机组装、设备桥组装、喷混桥组装、后配套组装及电气液压流体系统组装。

组装流程详见图 5-20。

1. 主机组装

TBM 大件由汽车运送至组装场地，使用已安装好的门吊卸车。卸车时严格按照起吊规范操作，避免发生碰撞或安全事故。刀盘支撑、驱动总成等精密部件应放置在枕木上，避免与地面直接接触。放置刀盘时，应预留足够空间，以便刀盘焊接后的吊装。

整机组装顺序为安放刀盘至组装场最前方，刀盘边块按次序摆好→安装步进机构→安装前部立式支撑→驱动总成平放，翻转 90°，垂直吊装至前部立式支撑，竖直放下，与前部立式支撑连接→支撑盾组装→推进、扭矩油缸连接→安装料斗→安装钢拱架安装器、锚杆钻机、主机皮带机等设备→安装连接桥→安装后配套台车→安装液压、润滑油箱→安装刀盘→液压润滑系统安装→电气系统安装。

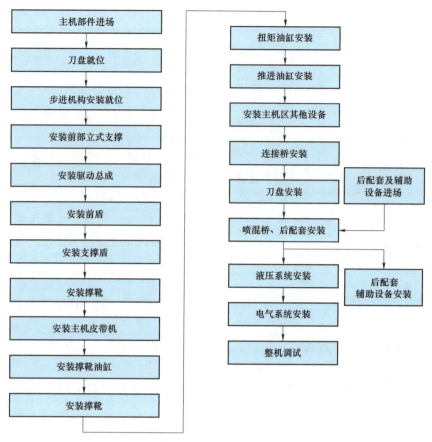

图 5-20　组装流程

（1）将顶护盾、刀盘中心块、边块、侧护盾、溜渣槽、主机皮带机、支撑盾、主梁等从前到后依次放置到主机前方及两侧区域，在组装刀盘的同时，将步进装置放置到始发位置，确保步进装置与隧洞中心线吻合。刀盘组装如图 5-21 所示。

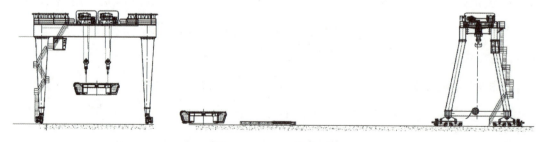

图 5-21　刀盘组装

（2）将底护盾固定到步进装置上，确保底护盾、步进装置、隧洞三者中心线对齐。底护盾安装如图 5-22 所示。

图 5-22　底护盾安装

（3）清理机头架，保证连接面质量，将机头架放置在底护盾上。机头架安装如图 5-23 所示。

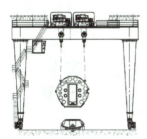

图 5-23　机头架安装

（4）从机头架后部安装支撑盾系统。支撑盾系统安装如图 5-24 所示。

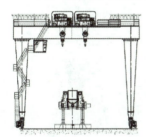
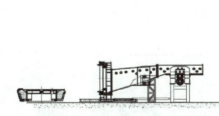

图 5-24　支撑盾系统安装

（5）组装侧护盾、驱动电动机、扭矩油缸、推进油缸等。驱动电动机安装如图 5-25 所示。

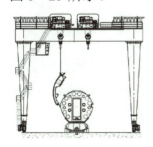
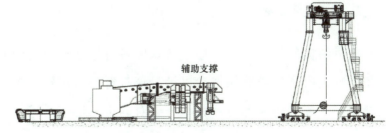

辅助支撑

图 5-25　驱动电动机安装

（6）组装主机皮带机、溜渣槽、主梁。主机皮带机安装如图5-26所示。

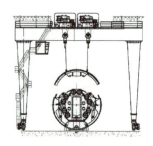 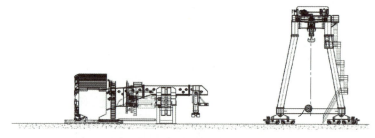

图 5-26　主机皮带机安装

（7）清理刀盘连接面，主驱动连接面，开始刀盘吊装，安装完成后进行顶护盾安装。刀盘吊装如图5-27所示。

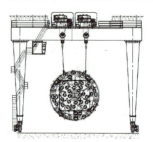 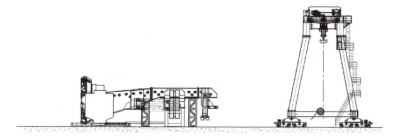

图 5-27　刀盘吊装

（8）组装拱架安装器、锚杆钻机及其他设备。拱架拼装器安装如图5-28所示。

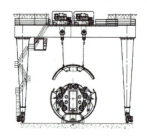 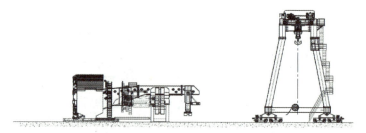

图 5-28　拱架拼装器安装

2. 设备桥组装

主机结构部件组装完毕后，按顺序可进行连接桥的组装。在组装连接桥前需要在组装洞内预先安装轨道，以满足连接桥后部滚轮的定位安装。连接桥的组装顺序如下：连接桥后部轮对就位→轮对固定→连接桥箱梁后段与轮对连接→箱梁中段与前段连接→连接桥中段与后段连接。连接桥箱梁组装完毕后，进行门架及拖拉机构的安装，后进行连接桥与主机的连接组装。连接桥组装如图 5-29 所示。

图 5-29　连接桥组装

3. 后配套组装

后配套结构件及附属设备分批次运抵组装场，开始后配套台车及附属设备组装。完成台车安装后，顺序完成后配套台车及附属设备安装。

5.2.5.3　TBM 调试

TBM 调试过程是伴随在 TBM 步进过程同时进行的，需要对掘进机各个系统及整机进行调试，以确保整机在无负载情况下正常运行。调试过程可先分系统进行，再对整机运行进行测试。测试过程中应详细记录各系统运行参数，及时分析解决发现的问题。掘进机的分系统可分为液压系统、电气系统、机械结构件及皮带机系统等。调试流程如图 5-30 所示。

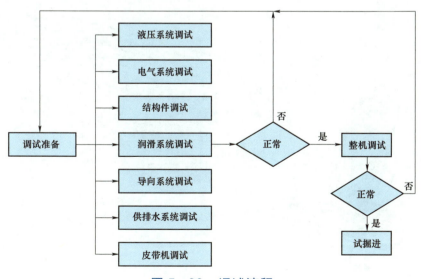

图 5-30　调试流程

电气系统调试内容可分为电路检查、分项用电设备空载检查、分项用电设备加载时的检查、各设备急停按钮的检查、控制系统的检查等。

液压系统设备的调试内容可分为空载和加载时泵和液压管路的调试、加载时执行机构的运行情况。步进系统的调试在主机安装完成后进行，主要分为液压泵站负载运行时的状态和步进机械结构运转情况。其余各分系统调试根据组装和步进程序组织实施。各系统运转情况正常后再进行整机的空载调试。

TBM 皮带机单项系统调试合格后，再进行整机联合调试。

整机调试过程中，应派专门技术人员负责详细记录各系统的运转参数，作为今后的掘进参考依据，发现问题及时记录、分析解决。

5.2.5.4　TBM 步进

1. TBM 步进机构的组成

主机组装和连接桥组装完成后，TBM 利用步进机构步进到始发洞，因为始发洞为圆拱斜墙型断面，且尺寸满足 TBM 正常步进时撑靴支撑洞壁的要求。所以，当撑靴全部进入始发洞后，即可拆除步进机构，而后利用撑靴步进到掌子面。

步进机构由弧形滑动支撑（步进架）、步进油缸、举升油缸等部件组成。步进机构组成如图 5－31 所示。

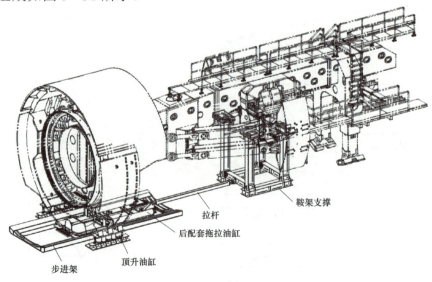

图 5－31　步进机构组成

2. 步进作业流程

TBM 掘进机在步进作业时，主要依靠水平步进油缸来推动 TBM 主机在弧形滑动支撑上滑动摩擦前进。弧形滑动支撑的长度有限，需要在每个步进行程结束之后，由刀盘部位的举升油缸和后支撑共同作用将 TBM 主机举起，以便步进油缸能将弧形滑动支撑向前拖动。如此循环，TBM 就不断地向前移动。TBM 步进流程图如图 5－32 所示。

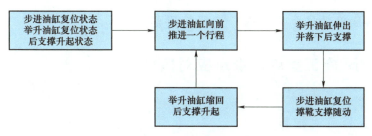

图 5－32 TBM 步进流程图

5.2.5.5 TBM 拆卸

TBM 掘进结束后，在接收洞室安装步进机构，步进至通风兼安全洞洞外拆机场地，使用门吊按照主机→连接桥→后配套的顺序拆卸，逐节拆除分解存放，与此同时，进行通风系统、水电系统的拆除。

洞外拆机场地布置图如图 5－33 所示。

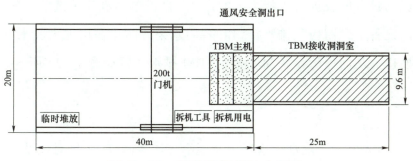

图 5－33 洞外拆卸场地布置图

5.2.6　TBM 施工重点、难点分析

5.2.6.1　TBM 施工重点、难点

进厂交通洞、通风兼安全洞隧洞埋深为 10～630m，围岩以中等风化～新鲜斑状花岗岩为主，单轴饱和抗压强度为 90～150MPa，发生岩爆的概率小，刀盘设计应重点考虑持久破岩问题。进厂交通洞、通风兼安全洞最小水平转弯半径为 100m，坡度在 −5%～ +10.4%，坡度变化较大，TBM 需要对厂房段进行针对性设计，通过设备局部改造，以适应厂房段掘进要求。

5.2.6.2　TBM 施工重点、难点应对措施

1. 硬岩破岩应对措施

TBM 刀盘结构采用高强度、高耐久性设计，合理设计滚刀间距，提升对高强度岩石的破岩能力；主轴承、驱动电动机、减速机、液压/润滑泵和电动机、液压油缸、控制系统等关键部件采用高可靠性配置，实现连续、稳定、高效破岩。

2. 反坡排水应对措施

由于厂房位置较低，无论是从进厂交通洞始发还是通风兼安全洞始发，均有一部分隧洞 TBM 是下坡掘进，为保障设备的安全，避免突发涌水淹没设备等事故，需要提高设备的反坡排水能力，TBM 刀盘、电动机等关键部件应采用 IP67 防水等级，设备上预留应急排水接口和备用水泵，防止在出现大股水等恶劣情况时能及时抽排，从而保障设备的安全。TBM 排水布置如图 5−34 所示。

3. 小转弯半径 TBM 应对措施

为满足 TBM 在大开挖直径情况下实现小转弯半径，TBM 针对性设计了 1500mm 短行程推进系统，驱动系统和支持系统之间通过扭矩推进油缸连接，尽可能减小整机单体结构件的长度，通过以上措施可以满足 TBM 100m 转弯半径的需求。

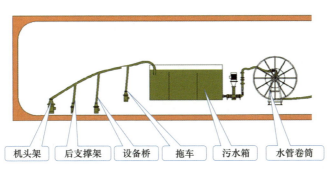

| 机头架 | 后支撑架 | 设备桥 | 拖车 | 污水箱 | 水管卷筒 |

图 5－34　TBM 排水布置

5.2.7　施工分析

5.2.7.1　综合掘进进尺分析

根据河南洛宁抽水蓄能电站地质特性，综合考虑设备掘进、检修维护等因素，进厂交通洞及通风兼安全洞掘进按 2 班制，每班工作时间为 10h，设备维护 4h，每月有效工作时间为 25d。在 Ⅱ、Ⅲ、Ⅳ 类围岩下月综合进尺情况见表 5－5。

表 5－5　　　　　　　在 Ⅱ、Ⅲ、Ⅳ 类围岩下月综合进尺表

序号	围岩类别及占比（%）		掘进速度（mm/min）	日工作时间（h）	月工作天数（d）	TBM利用率（%）	TBM月进尺（m/月）	平均月进尺（m/月）
1	Ⅱ类围岩	45	19	20	25	43	245	
2	Ⅲ类围岩	45	43	20	25	36	464	
3	Ⅳ类围岩	10	50	20	25	27	405	300
4	TBM 转弯段		15	20	25	25	200	
5	TBM 变坡段		25	20	25	30	280	

注　转弯段因转弯半径小，纵坡坡度变化频繁，TBM 需要频繁进行换步、调整方向等工作，掘进效率会受到一定影响。

5.2.7.2　施工工期对比

进厂交通洞采用钻爆法施工长度为 1745m，通风兼安全洞采用钻爆法施工长度为 1423m，总长 3168m；进厂交通洞采用 TBM 施工长度为 2039m，通风兼安

全洞采用 TBM 施工长度为 1423m，厂房长 177m，总长 3639m。

1. 采用钻爆法施工

按月平均进尺 90m 计算，完成进厂交通洞开挖工期为 19.4 个月。

注：采用钻爆法，进厂交通洞和通风兼安全洞可以开两个作业面同时开挖，因河南洛宁抽水蓄能电站进厂交通洞长度比通风兼安全洞长，工期以进厂交通洞开挖工期计。

2. 采用 TBM 施工

设备组装调试工期为 2.5 个月，按月综合平均进尺 300m 计算，开挖工期为 12.5 个月，工期总计为 14.7 个月，较钻爆法缩短 4.7 个月。

注：总工期为 2.5 个月（TBM 设备现场组装调试）+4.8 个月（通风兼安全洞掘进）+0.6 个月（主厂房掘进）+6.8 个月（交通洞掘进）=14.7 个月。

通风兼安全洞、进厂交通洞 TBM 与钻爆法施工进度分析见表 5-6。

表 5-6　通风兼安全洞、进厂交通洞 TBM 与钻爆法施工进度分析表

施工工艺	长度	综合进尺	施工进度
钻爆法	通风兼安全洞：1423m 进厂交通洞：1745m	90m/月	19.4 个月
TBM	通风兼安全洞+厂房+进厂交通洞，总长 3639m	300m/月	14.7 个月

通过对河南洛宁抽水蓄能电站进厂交通洞、通风兼安全洞 TBM 施工应用研究，与传统钻爆法施工进行比较，采用 TBM 施工预计可以缩短工期 4.7 个月，同时可以显著提高隧洞的施工质量，降低施工安全风险，避免爆破作业保护环境。

5.2.8　TBM 施工经济分析

综合考虑 TBM 单次连续掘进长度、设备拆装次数、关键零部件使用寿命等因素，TBM 设备寿命期总运行公里数按 12km 进行考虑，为进一步降低 TBM 的施工成本，TBM 设备的制造成本拟在 12km 内摊销完成，河南洛宁抽水蓄能电站

若采用 TBM 施工进厂交通洞、通风兼安全洞，施工长度为 3639m，约摊销设备制造成本的 30.3%。TBM 施工费用除设备摊销费外，还包含辅助工程费用、耗材使用费、设备维护费等，辅助工程包括新开挖的组装洞室、拆机洞室、接收洞室等，耗材包括刀具消耗、钢轨、轨枕以及风、水、电耗材等，综合计算后与钻爆法比较，费用约是传统钻爆法 2 倍以上。

5.2.9　小结

抽水蓄能电站进厂交通洞、通风兼安全洞采用 TBM 施工进行施工在技术上是完全可行的。由于抽水蓄能电站地下洞室与水利、铁路等长大隧洞相比存在长度短、转弯半径小、坡度大等特点，需要设计单位和 TBM 设备制造厂家共同研究，设计单位需要将进厂交通洞、通风兼安全洞的设计断面进行统一，坡度、转弯半径按照 TBM 设备性能参数进行优化调整；TBM 设备制造厂家需要结合抽水蓄能电站实际情况，在出渣、掘进、转弯半径、支护喷混措施等方面进行创新研究，以适应抽水蓄能电站的需要。

通风兼安全洞直接影响着厂房顶拱开挖时间，是抽水蓄能电站的关键线路，TBM 施工既可以显著提高地下洞室施工机械化水平，降低施工安全风险，同时在工期上也具有优势，以河南洛宁抽水蓄能电站为例，采用 TBM 施工预计比钻爆法节约工期 4.7 个月，若其他抽水蓄能电站的隧洞长度更长，则工期优势更加明显。同时，TBM 在设计制造阶段进行适应性研究和创新，在施工阶段做好设备资源配置和技术保障措施，科学合理的组织施工有可能进一步节约工期。

目前受设备制造成本影响，TBM 施工施工费用比钻爆法高，未来随着我国制造业的持续发展和抽水蓄能电站 TBM 的规模化应用，TBM 施工成本有望进一步降低。

进厂交通洞及通风兼安全洞采用 TBM 施工的主要优势在于实现了隧洞开挖支护的"工厂化"作业，提高了施工机械化水平，降低了施工安全风险，既缩短了工期，也提升了隧洞开挖质量，同时有利于环境保护，具有极大的经济效益和社会效益。

5.3　引水斜井 TBM 应用研究

5.3.1　原洞室布置方案

河南洛宁抽水蓄能电站引水主洞采用一洞两机布置，主洞洞径为 6.5m/5.6m，引水主洞上平洞长度为 1651.473m，坡度为 8%，洞径为 6.5m。高压主管为调压室中心线至钢岔管始端的管道，高压主管共 2 条，高压主管长分别为 1279.862、1191.115m。两条高压主管平行布置，立面上采用两级斜井布置，设有上斜井段、中平洞段、下斜井段和下平洞段。

上斜井段，垂直高差为 258.539m，轴线长度为 267.017m（不包含上下弯段长度）；中平段坡度为 8%，轴线长度为 424.163m；下斜井段角度为 60°，垂直高差为 264.542m，轴线长度为 272.387m；下斜井段弯段后接 30.621m 长水平段。

原方案引水系统三维布置图如图 5-35 所示。

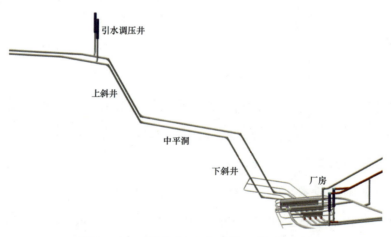

图 5-35　原方案引水系统三维布置图

5.3.2　斜井 TBM 施工洞室设计方案优化

5.3.2.1　设计优化原则

（1）受制于反井钻机施工工法的限制，国内抽水蓄能电站设计时将引水斜井立面设计成两段竖井或斜井，在两条竖井或斜井之间增加水平施工支洞，以降低竖井或斜井的施工难度。TBM 设备相对于反井钻机，连续掘进距离越长、效率越高，在引水斜井方案优化时，在满足水力调保计算的前提下，尽量延长 TBM 施工长度，提高施工效率。

（2）斜井段施工由于坡度较大，TBM 改造或变径极为困难，为方便 TBM 施工，斜井设计优化时宜统一洞室布置原则和断面尺寸，以满足设备连续掘进的要求。同时，两条斜井倾角角度相差不宜较大，在满足自重溜渣的前提下尽可能减小倾角角度。

5.3.2.2　原洞室尺寸设计方案

引水斜井段全长为 1320m，其中上斜井、中平洞及下斜井总长约为 1081m。钻爆法施工上斜井开挖尺寸为 7.7～8.66m，中平洞开挖尺寸为 7.0～7.74m，下斜井开挖尺寸为 7.1～7.36m。上斜井衬砌后洞径净断面尺寸为 ϕ 6.5m，下斜井衬砌后洞径净断面尺寸为 ϕ 5.6m，断面为圆形。

5.3.2.3　TBM 施工洞室方案

河南洛宁抽水蓄能电站上下水库进/出水口间水平直线距离约为 3975.00m，距高比为 6.58。采用厂房中部式开发方式，设置上下游双调压室，以保证电站调节设计满足相关规程规范要求。结合洛宁抽水蓄能电站的工程特点，提出 3 种 TBM 施工设计方案。

方案 1：引水上斜井、中平洞和下斜井调整为一级斜井。

方案 2：引水上平洞、上斜井、中平洞和下斜井调整为一级斜井。

方案 3：引水上平洞和上斜井调整为一级斜井。

TBM 施工方案输水系统特征参数对比表如表 5-7 所示。

从水头损失来看，3 种 TBM 施工方案，引水主洞长度均较原设计方案分别短了 111、201m 和 108m。水头损失均小于招标设计值，满足设计要求，其中方案 2 水头损失最小。

表 5-7　　　　　　　　　TBM 施工方案输水系统特征参数对比表

项目特征	原设计方案	方案 1	方案 2	方案 3
引水主洞长度（m）	2940	2829	2739	2832
压力引水道长度/直径（m）	1660（6.5）	1660（6.5）	1718（6.5）	1691（6.5）
压力引水道最大静水头（m）	166	166	488	380
压力管道长度/直径（m）	1280（6.5/5.5）	1169（6.5/5.6）	1021（6.5/5.6）	1141（6.5/5.6）
斜井长（m）	267/273	920	2435	1782
斜井角度（°）	60	39	16.3	12.5
引水调压室高度（m）	196	196	518	410
水头损失（m）	14.03	13.78	13.22	13.01
压力管道水流惯性时间常数 T_w 值	1.33	1.36	1.23	1.27
开挖工期（月）	24.5/24.5	11.6/19.2	19.2/35	17/31

从衬砌结构以及渗流损失来看，方案 1 与原设计方案的压力引水道长度相同，而方案 2 和方案 3 压力引水道长度较原设计方案分别增加了 58m 和 31m，压力引水道最大静水压力方案 1 与原方案相同，而方案 2 和方案 3 分别增加 322m 和 214m，同等条件下，混凝土衬砌段渗漏水量增加较多，同时方案 2 和方案 3 高压洞段长度较长，不良地质段衬砌结构受力情况复杂，处理难度较大。

从电站调节保证设计来看，3 种方案引水调压室后压力管道长度均较原设计方案分别短了 111、259m 和 138m，压力管道 T_w 值满足设计要求，但方案 2 和方案 3 调压室竖井高度较原设计方案分别增加了 322m 和 214m，调压室连接管高度分别为 422m 和 314m，超长连接管内水流惯性对于调节保证设计具有不利的影响，经初步计算复核，设计工况下能够基本满足调节保证设计要求，但目前国内在建工程项目尚无类似应用先例，仍需对各种工况进行过渡过程计算复核，以满足相关规程规范要求。此外，调压室竖井高度较高，施工难度较大，方案 2 调压室竖井高度超过 500m，需要在中部增设施工支洞以满足施工要求。

从 TBM 设备连续施工，方案 1、方案 2 和方案 3 斜井长度分别为 920、2435m 以及 1782m，坡度分别约为 39°、16°和 12°，洞径开挖断面尺寸分别 7.2、7.8m 和 7.8m。方案 1 采用水力冲洗自上而下出渣，底部设置泥水分离装置；方案 2 和方案 3 采用连续皮带机自上而下出渣,3 种方案 TBM 设备费用基本相当,从 TBM 设备连续施工以及费用分摊考虑,方案 2 和方案 3 较优,但 TBM 施工费用增加较多。

从开挖工期来看,原设计方案,上下两级斜井采用两台反井钻机同时施工,开挖总工期为 24.5 个月。方案 1 采用 TBM 施工开挖总工期为 19.2 个月,较钻爆法缩短 5.3 个月。方案 2 和方案 3,TBM 施工开挖总工期分别是 35 个月和 31 个月,较钻爆法增加 10.5 个月和 6.5 个月。方案 1 开挖工期最短。

从衬砌施工难度来看,考虑方案 2 和方案 3 超长斜井钢管安装和混凝土浇筑施工难度较大,同等布置方案下,方案 2 和方案 3 会影响发电工期。

从安全风险源来看,原设计方案重大安全风险源主要是上下斜井施工、方案 1 主要是 TBM 施工,方案 2 主要是 TBM 施工斜井以及超长竖井施工,方案 3 主要是 TBM 施工、长竖井施工以及下斜井施工。TBM 施工方案对比表见表 5-8。

表 5-8　　　　　　　　TBM 施工方案对比表

项目	方案 1	方案 2	方案 3
水头损失		✓	
结构设计和渗漏水量	✓		
调保性能	✓		
引水隧洞洞室规模	✓		
TBM 设备连续施工		✓	
TBM 开挖费用	✓		
TBM 开挖工期	✓		
衬砌施工难度	✓		
安全风险源	✓		

综合考虑水头损失、结构设计及渗漏量、调保性能、洞室规模、TBM 设备连续施工、TBM 开挖费用、工期、衬砌施工难度以及安全风险等因素,将上斜井、中平洞、下斜井调整为一级斜井,采用直径 $\phi 7.2m$ 断面的 TBM 进行引水斜井施工更具可行性。

TBM 设计断面如图 5-36 所示。

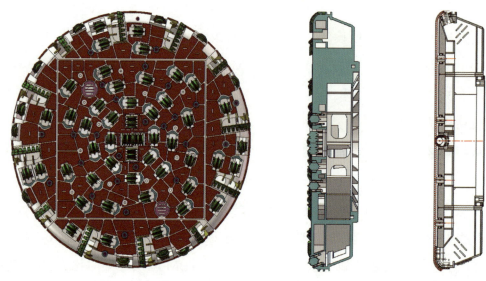

图 5-36　TBM 设计断面图

5.3.2.4　标准化及通用性分析

针对引水斜井布置的特点，应结合抽水蓄能电站装机容量、发电水头、斜井角度、调节保证设计要求、水头损失等进行斜井标准化设计工作。主要途径和方法包括：① 将上下斜井断面尺寸进行统一；② 收集整理各抽水蓄能电站装机容量、发电水头、压力管道设计 T_w 值及调保性能、设备开挖倾角、水头损失等，研究并提出一种或两种不同尺寸的标准化断面尺寸；③ 根据现有设备开挖倾角、组装和拆机条件，对线路进行标准化设计，提出斜井布置方案；④ 研究 TBM 施工技术下的高压管道经济洞径，在合理水头损失范围内，考虑适当缩小管道直径，以降低 TBM 施工费用；⑤ 综合研究超长斜井压力钢管运输、安装和焊接。

1. 引水斜井开挖断面的确定

将上下斜井开挖断面统一按照下斜井开挖尺寸控制，净断面尺寸为 5.6m，与原设计方案相比水头损失和 T_w 值基本相当。

2. 开挖断面的适用性研究

统计表明，钢筋混凝土衬砌的隧洞，引水和尾水隧洞经济流速为 3～5m/s，高压隧洞经济流速为 4～7m/s，钢管衬砌经济流速一般在 5～11m/s。

不同水头电站装机容量和流速统计见表 5－9。

考虑 TBM 施工断面尺寸统一，并考虑适当提供压力管道经济流速的原则，初拟拟定 TBM 施工斜井后断面流速为 5.8m/s。

不同水头电站装机容量和 T_w 统计表见表 5－10。

表 5－9　　　　　不同水头电站装机容量和流速统计表

抽水蓄能电站名称	引水隧洞直径（m）	引水隧洞长度（m）	额定水头（m）	额定流量（m³/s）	单机容量（MW）	最小流速（m/s）	最大流速（m/s）	平均流速（m/s）
平江	6.5/6.0/5.0/3.8	1374	648	62.5	350	3.767	11.027	7.397
洛宁	6.5/5.6/4.2	2940	604	66.6	350	4.014	9.619	6.817
鲁山	6.5/5.6/4.3	1803	552	68.15	325	4.108	9.391	6.749
天池	6/4.5	3129	510	67.98	300	4.809	8.553	6.681
蟠龙	6.5/6/5.5/5	1689	428	81	300	4.882	8.255	6.568
安化	8/7/6	1320	408	85	300	3.382	6.016	4.699
梅州	10/9	746	400	86.68	300	4.415	5.453	4.934
琼中	8.4/7.2	939	308	74.04	200	4.008	5.458	4.733
黑麋峰	8.5	815	295	118	300	4.159	4.161	4.160
溧阳	9.2/7	561	259	110.9	250	5.005	8.649	6.827
五岳	8	502	241	119.89	250	4.77	4.773	4.771
白莲河	9	1480	195	176.1	300	5.536	5.539	5.538

表 5－10　　　　　不同水头电站装机容量和 T_w 统计表

抽水蓄能电站名称	单机容量（MW）	额定水头（m）	额定流量（m³/s）	洞径（m）	T_w（s）	压力管道长度（m）
平江	350	648	62.51	6.5/6.0/5.0	1.34	1480
西龙池	300	640	51.30	5.2/3.5	1.57	1449

续表

抽水蓄能 电站名称	单机容量 （MW）	额定水头 （m）	额定流量 （m³/s）	洞径 （m）	T_w（s）	压力管道长度 （m）
洛宁	350	604	66.60	6.5/5.6	1.33	1343
绩溪	300	600	57.80	4.8/4.4	1.43	1164
洪屏	300	540	63.85	5.2	1.22	975
呼和浩特	300	521	66.50	5.8/5.4	1.59	1159
天池	300	510	66.87	6.0/5.4	1.55	1481
仙游	300	430	80.30	6.5	1.47	1170
蟠龙	300	428	79.00	6.0/5.5	1.57	983
荒沟	300	410	85.32	6.7	1.75	1257
白莲河	300	195	176.10	9.0/5.6	2.0	509

结合目前抽水蓄能电站不同水头、不同装机容量下电站调节保证设计性能，发现水头越高，允许 T_w 值越小，水头越高，压力管道长度越长。根据初步拟定的 TBM 施工下斜井流速以及压力管道运行 T_w 值，对不同水头和装机电站的 TBM 施工下的斜井直径进行计算。

不同水头、不同装机容量 TBM 施工斜井开挖直径计算表见表 5-11。

表 5-11　不同水头、不同装机容量 TBM 施工斜井开挖直径计算表

项目	流速 （m/s）	单机容量 （MW）	额定水头 （m）	额定流量 （m³/s）	洞径 （m）	开挖直径 （m）	T_w （s）	斜井长度 （m）
参数	5.8	350	700	56.63	4.99	6.59	1.3	1539
	5.8	350	650	60.99	5.17	6.77	1.35	1484
	5.8	350	600	66.07	5.39	6.99	1.4	1421
	5.8	300	550	61.78	5.21	6.81	1.45	1349
	5.8	300	500	67.96	5.46	7.06	1.5	1269
	5.8	300	450	75.51	5.76	7.36	1.55	1180
	5.8	300	400	84.95	6.11	7.71	1.6	1082
	5.8	300	350	97.08	6.53	8.13	1.65	977
	5.8	300	300	113.26	7.05	8.65	1.7	863
	5.8	250	250	113.26	7.05	8.65	1.8	761

通过表 5-11 可以发现，当电站额定水头在 500m 以上时，斜井开挖直径至少要达到 7.06m，洛宁抽水蓄能电站目前斜井 TBM 施工开挖直径为 7.2m，其推广适用性较广，对于 400m 水头段抽水蓄能电站，可以结合电站调节保证设计对输水系统进行设计优化，以满足 7.2m 开挖直径的要求。

5.3.3　TBM 装备设计

按照斜井净开挖尺寸 7.2m 以及 39.287° 爬坡需求进行 TBM 整机设计，TBM 需满足斜井开挖尺寸及爬坡要求，同时应考虑安全可靠的防溜设计，保障设备在最不利工况下的安全。斜井 TBM 示意图如图 5-37 所示。

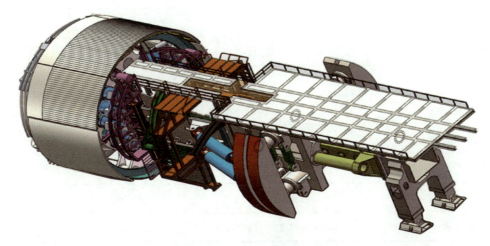

图 5-37　斜井 TBM 示意图

5.3.3.1　TBM 设计参数

TBM 开挖直径为 7.2m，整机总长约为 60m，总重约为 800t，TBM 纵向爬坡能力为 40°，装机功率为 3915kW。TBM 技术参数如表 5-12 所示。

表 5-12　　　　　　　　　　　　TBM 技 术 参 数 表

项目	参数列表	单位	备注
1. 整机性能概述			
开挖直径	ϕ 7200	mm	
最大推进速度	100	mm/min	

续表

项目	参数列表	单位	备注
最大推力	27 480	kN	
整机总长	约 60	m	
主机总长	约 18	m	
总重（主机＋后配套）	约 800	t	
装机功率	3915	kW	
整机最小竖直转弯半径	300	m	

2. 刀盘

项目	参数列表	单位	备注
刀盘规格（直径×长度）	ϕ 7200×1940	mm	
旋转方向	正/反		
分块数量	2	块	
结构总重	140	t	不含滚刀
主要结构件材质	Q345D		
中心滚刀数量/直径	4/ϕ 432（17″）	把/mm	
单刃滚刀数量/直径	39/ϕ 483（19″）	把/mm	
滚刀额定载荷	17″/25；19″/31.5	t	
滚刀安装方式	背装刀		
铲斗数量	8	个	

3. 主驱动

项目	参数列表	单位	备注
驱动型式	电驱		
驱动组数量	8	组	
驱动总功率	2800	kW	
最大转速	9	r/min	
额定扭矩	5664	kN·m	
脱困扭矩	8496	kN·m	
主轴承直径	4620	mm	

续表

项目	参数列表	单位	备注
主轴承寿命	＞10 000	h	
密封型式	唇形密封		
内唇形密封数量	3	道	
外唇形密封数量	3	道	
4. 盾体			
结构形式	钢结构+油缸		
顶油缸数量	2	个	
腔径/活塞杆直径－行程	$\phi\,330/\phi\,180-200$	mm	
侧护盾油缸数量	2	个	
腔径/活塞杆直径－行程	$\phi\,250/\phi\,125-340$	mm	
楔块油缸数量	2	个	
腔径/活塞杆直径－行程	$\phi\,250/\phi\,125-340$	mm	
5. 推进系统			
推进行程	1500	mm	
最大推进速度	100	mm/min	
油缸数量	4	个	
最大工作压力	350	MPa	
最大推力	27 480	kN	
6. 撑靴系统			
撑靴油缸数量	8	个	
总的有效撑靴力	46 028kN（350bar）	kN	
最大接地比压	＜3	MPa	
液压油缸类型/品牌	恒立		
7. 锚杆钻机系统			
数量	2	套	

项目	参数列表	单位	备注
冲击能量	11	kW	
转动速度	0～320	r/min	
孔径	$\phi 33 \sim \phi 51$	mm	
泵站装机功率	125	kW	
操作方式	液控/无线		

8. 后配套拖车

项目	参数列表	单位	备注
结构	门架式		
拖拉油缸	2	个	
拖拉油缸腔径杆径	$\phi 250/\phi 130$	mm	
拖车数量	4	台	

9. 液压系统

项目	参数列表	单位	备注
名义工作压力	35	MPa	
过滤精度	10	μm	

10. 润滑系统

项目	参数列表	单位	备注
油脂桶容量	60	L	
过滤精度	25	μm	

11. 电气系统

项目	参数列表	单位	备注
工作区域的照明	≥200	lx	
应急照明能力	2	h	

12. 有害气体探测和报警系统

项目	参数列表	单位	备注
规格型号	工业类型		
监测气体种类	CH_4、H_2S、CO、CO_2、O_2		
探测器数量	7	个	

13. 遇火报警和灭火系统

项目	参数列表	单位	备注
移动灭火器布置位置	约每 10	m	

续表

项目	参数列表	单位	备注
自动灭火器安装范围	液压泵站、主控制柜		
14. 电视监视系统			
摄像头数量	7	个	
监测器数量	1	个	
硬盘容量	500	GB	
通信点数量	7	个	
15. 除尘系统			
除尘器数量	1	台	
类型	干式		
过滤装置精度	0.5	μm	
16. 二次通风系统			
通风管道直径	$\phi\,800$	mm	
储风筒数量	1	个	
储风筒容量	200	L	
风量	16	m³/s	
17. 供水系统			
水温	<25	℃	
用水口布置	约每 20	m	
18. 空气压缩系统			
压缩机数量	1	个	
压缩机总容量	23	m³	
最大压力	0.8	MPa	
储气罐容量	2.5	m³	
储气罐数量	1	个	

项目	参数列表	单位	备注
19. 运输系统			
储风筒吊机	5t/1 台/中国/手动控制		
物料吊机	1t/1 台/中国/手动控制		
刀盘内刀具吊机	0.5t/1 台/中国/遥控器控制		
油脂桶吊机	1t/1 台/中国/手动控制		
20. 装机功率			
总装机功率	3915	kW	
刀盘驱动功率	2800	kW	
液压系统功率	400	kW	
润滑系统功率	37	kW	
锚杆钻机功率	125	kW	
除尘器功率	110	kW	
二次风机功率	55	kW	
空气压缩机功率	33	kW	
供排水系统功率	100	kW	
照明功率	5	kW	
插座箱功率	150	kW	
其他设备功率	100	kW	

5.3.3.2　TBM 整机设计

开挖直径为 7200m 的斜井 TBM 从刀盘向后依次为主机、设备桥、后配套，包括开挖系统、推进系统、支护系统、物料运输系统、轨线延伸系统、通风除尘系统、供排水系统、照明系统等，整机全长约为 60m。TBM 整机如图 5-38、图 5-39 所示。

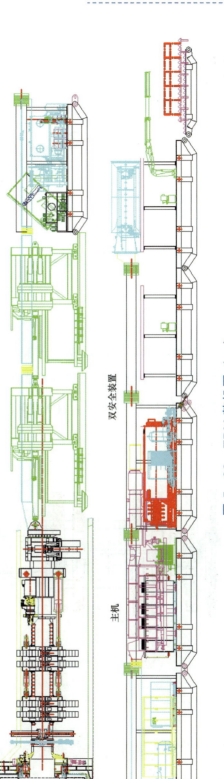

主机　双安全装置

图 5-38　TBM 整机图（一）

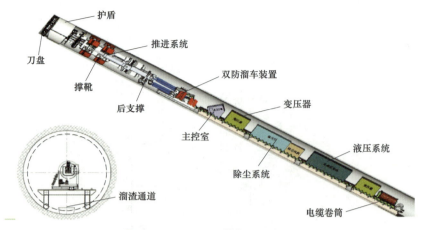

图 5-39 TBM 整机图（二）

1. TBM 主机

TBM 主机全长约为 18m，区域包括刀盘、主驱动、盾体、锚杆钻机、撑靴、驱动电动机等，主机区域负责 TBM 开挖、开挖方向的调整执行以及设备的支撑推进、锚杆初支、刀盘渣料的运输传导等，为 TBM 核心区域。TBM 主机如图 5-40 所示。

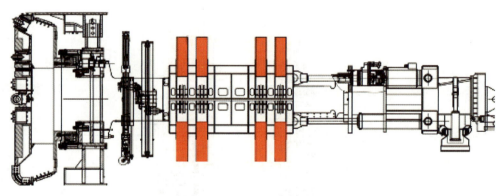

图 5-40 TBM 主机图

2. TBM 设备桥

TBM 设备桥全长约为 17m，区域包括锚液压润滑泵站系统、主控制柜、变频柜、除尘系统、主控室等，设备桥区域负责 TBM 液压系统动力源输出、TBM 操作执行、主机区域的润滑执行单元及轨线延伸等，为 TBM 主机与后配套连接机构。TBM 设备桥如图 5-41 所示。

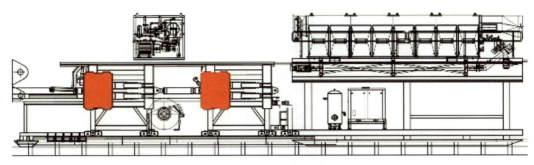

图 5-41　TBM 设备桥

3. TBM 后配套

TBM 后配套全长约为 25m，区域包括高压变压器配电设备、喷混系统、一次风筒延伸、吊机、控制柜、空气压缩系统、污水箱、供水管延伸系统等，后配套区域负责 TBM 高压变压器配电、弱电控制、混凝土输送、空气压缩、供排水、一次风筒延伸等，为 TBM 服务机构。TBM 后配套如图 5-42 所示。

4. 针对性设计

为保障设备掘进时的安全，针对引水斜井隧洞的大坡度，TBM 进行双安全装置（RFS）设计，安装部位见图 5-43，在斜井施工中，在主机撑靴、后支撑和RFS 多重作用下，可以有效地为掘进提供反力，防止设备后溜。

此设计一般应用于设计总重为 800t 的全断面掘进机（TBM、RFS 和 NL），坡度范围为 42%～90%，主要有以下特点：

（1）带蓄能器的撑紧油缸可以保证在紧急停机的状况下可以提供有效的油缸伸出油压。

（2）撑紧油缸施加的压紧力始终大于作用在相应压板上的下坡力。

（3）针对设计简易的机械夹紧结构，其原理是基于简单、可靠和坚固的楔形结构，类似于电梯构造和缆车构造中的安全制动器，在快速后溜的时候紧急锁死整台设备。

TBM 双安全装置如图 5-44 所示。

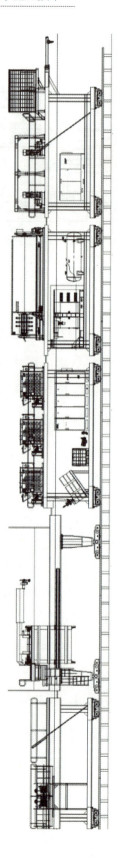

图 5-42　TBM 后配套

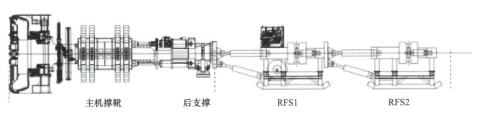

主机撑靴　　　　　后支撑　　　　　RFS1　　　　　RFS2

图 5－43　TBM 双安全装置分布

图 5－44　TBM 双安全装置

5.3.4　TBM 施工规划

5.3.4.1　线路规划

TBM 在河南洛宁抽水蓄能电站 1 号下平洞与 1 号斜井交叉位置扩大洞室进行组装、调试，步进至始发洞室后进行开挖作业，待掘进作业完成后，从 1 号上平洞接收洞室拆机并运输至 2 号下平洞与 2 号斜井交叉位置，进行组装、调试，步进至始发洞室后进行开挖作业，待掘进作业完成后，从 2 号上平洞接收洞室拆机并运输至洞外场地存放。

施工布置如图 5－45 所示。

施工线路：TBM 组装、调试及始发→1 号引水斜井施工→TBM 拆机运出→2 号斜井 TBM 组装、调试及始发→2 号引水斜井施工→TBM 拆机运出，如图 5－46 所示。

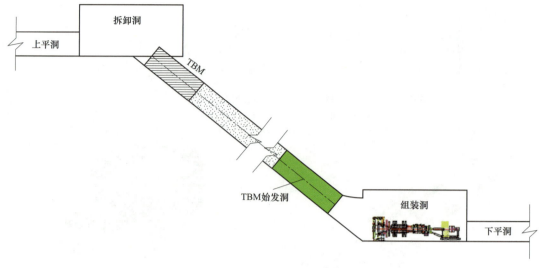

图 5-45 施工布置图

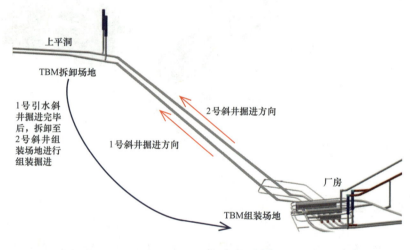

图 5-46 施工线路图

5.3.4.2 现场规划

1. 斜井 TBM 组装始发步骤

（1）主机在组装洞安装完毕后，后退至辅助洞室。

（2）架设始发架 1，始发架 2 与主机固连。

（3）通过拖拉装置将始发架 2 拖拉至始发架 1 上部。

（4）通过拖拉装置将主机步进至始发洞。

（5）在组装洞依次安装后配套。

（6）设备通过底部的步进机构步进至掌子面，调试完毕后开始掘进。

斜井 TBM 始发步骤如图 5-47～图 5-50 所示。

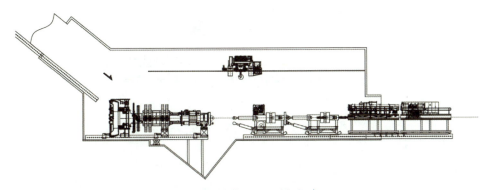

图 5-47　斜井 TBM 始发步骤 1

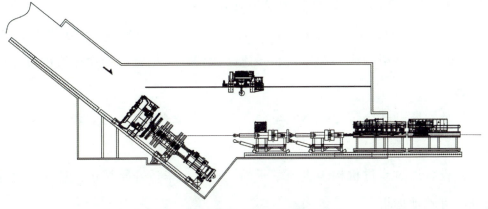

图 5-48　斜井 TBM 始发步骤 2

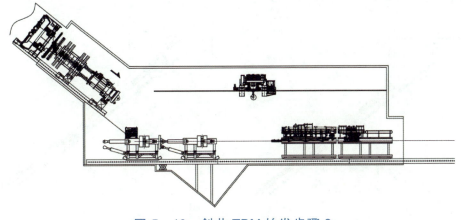

图 5-49　斜井 TBM 始发步骤 3

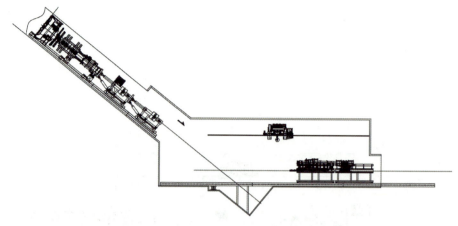

图 5-50 斜井 TBM 始发步骤 4

2. 斜井 TBM 转平洞步骤

（1）TBM 掘进至预定位置，铺设步进架。

（2）安全装置撑紧并与主机分离，断开水电气等，拖拉装置牵引主机上步进架。

（3）利用跷跷板效应和起重机将步进架放置水平位置，刀盘出渣部位、皮带机需改造。

（4）依次断开安全装置，将安全装置牵引至水平洞室，后配套采用拖拉装置拉紧。

（5）设备通过步进机构步进至掌子面，调试完毕后开始掘进；若无需进行平洞掘进，可就地拆机。

接收步骤如图 5-51～图 5-55 所示。

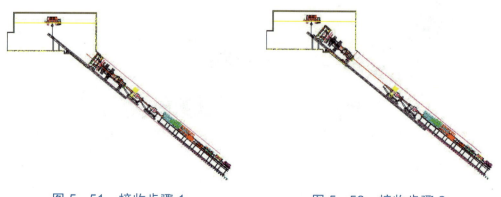

图 5-51 接收步骤 1   图 5-52 接收步骤 2

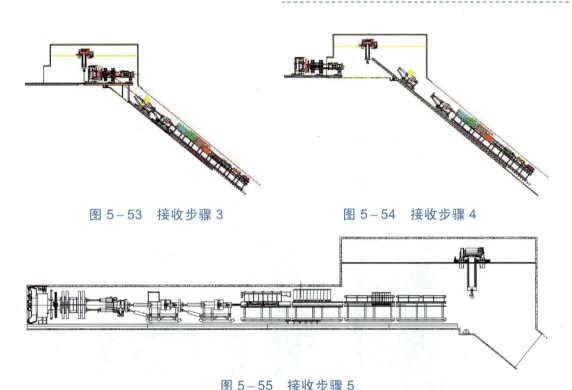

图 5-53　接收步骤 3　　　　　　　图 5-54　接收步骤 4

图 5-55　接收步骤 5

3. TBM 出渣方式

TBM 采用隧洞底部石渣导槽出渣的方式进行出渣。39°的大坡度斜井可利用石渣自有的重力实现溜渣，同时配备振捣器、水力辅助设施增加排渣效率，并在溜槽盖板上预留观察口方便查看排渣情况，便于堵渣清理。

TBM 出渣装置如图 5-56 所示，隧洞中段排渣沟槽布置及示意如图 5-57 所示。

石渣和水通过溜渣槽溜至斜井底部的渣水分离装置，石渣再通过皮带机被运送至储渣箱，最后再通过二级皮带机卸至自卸车，由自卸车运出洞外存放在指定渣场。洞中的污水需单独抽至洞外的沉淀池进行处理。隧洞渣水分离设施布置如图 5-58 所示。

4. 物料运输

物料运输通过钢丝绳牵引的运输车完成。液压绞车布置在斜井的底部，钢丝绳绕过 TBM 后部的滑轮连接在运输车的前端，通过控制钢丝绳的收放控制运输车的上下。

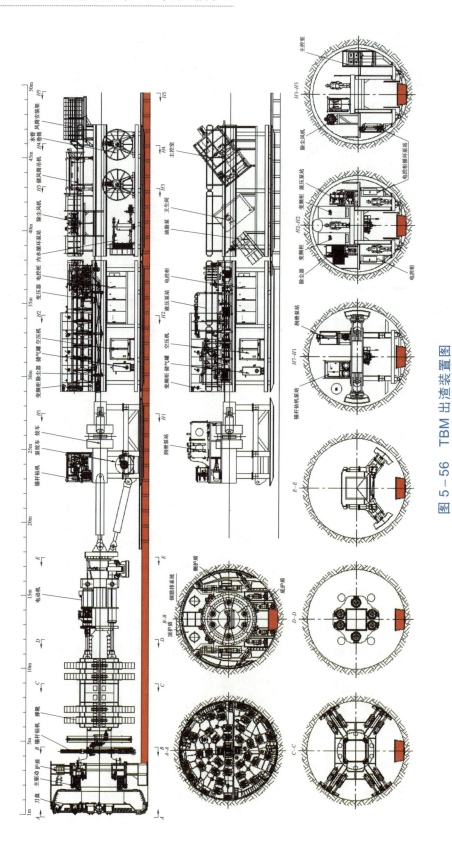

图 5-56　TBM 出渣装置图

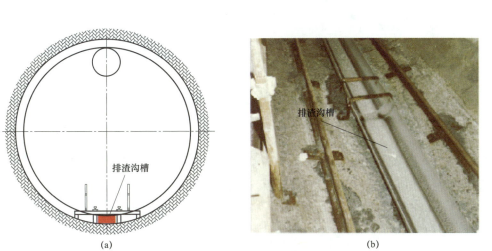

图 5 – 57　隧洞中段排渣沟槽布置及示意图

（a）布置图；（b）示意图

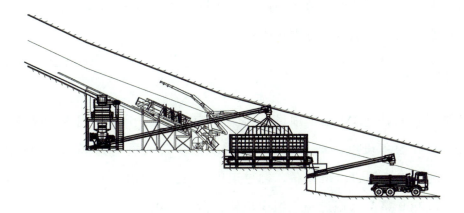

图 5 – 58　隧洞渣水分离设施布置图

运输车示意图如图 5 – 59 所示。

图 5 – 59　运输车示意图

5. TBM 通风方式

斜井开挖断面尺寸为 7.2m，施工长度为 920m，根据隧洞情况，在组装洞室设置新鲜风机，配置一台风机（功率为 50kW），采用压入式通风，一次通风至 TBM 尾端，通过 TBM 尾端二次加压风机，输送新鲜风至 TBM 主机区域，隧洞风筒直径为 1400mm，满足 TBM 回风速度 0.7m/s 要求。

6. TBM 方向控制

根据隧洞施工精度要求，TBM 上配备激光导向系统，导向系统以固定参考点激光器发出的光束为基准计算 TBM 位置，通过 TBM 位置计算与设计轴线的偏差，并在显示器上清晰显示，指导掘进操作。

7. TBM 掘进施工组织

参照国外斜井 TBM 施工项目，为保障 TBM 的安全高效掘进，现场一般配备掘进班组、整备班组、道具班组、保障班组等，人员约为 86 人。TBM 施工采取二班制，二班掘进一班整备，掘进工班每班工作 10h，整备工班工作 4h，每天 08:00—12:00 整备。掘进施工组织机构见图 5-60。

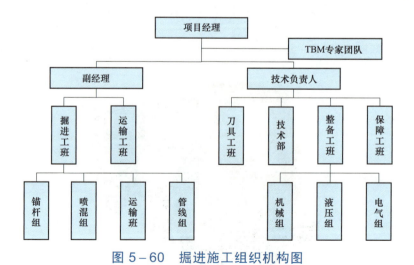

图 5-60　掘进施工组织机构图

各工班人员配备参见表 5-13。

表 5–13　　　　　　　各 工 班 人 员 配 备 表

工班	工种	人数（人）	备注
掘进班	班长	1×2	负责掘进工班的所有工作
	主司机	1×2	负责 TBM 操作
	L1 锚杆组	5×2	1 名组长，2 名操作手，2 人安装锚杆
	喷混凝土	4×2	1 名组长，2 名操作手，1 人上料
	风筒、管线延伸	3×2	1 名组长，2 人负责风筒及管线
	机械工程师	1×2	负责 TBM 机械及液压系统的巡查及维修
	电气工程师	1×2	负责 TBM 电气系统的巡查及维修
	土木工程师	1×2	负责工班地质、支护、质量检验工作
	测量	1×2	负责施工测量及导向系统检修
	小计	36	
整备班	班长	1	负责整备工班的所有工作
	机械组	3	主机 1 人，锚杆、喷混凝土各 1 人，焊工 1 人
	液压组	3	主机液压、润滑 1 人，钻机、喷混凝土 1 人，注脂 1 人
	电气组	3	主机 2 人，其余设备 1 人
	小计	10	
刀具班	运输组长	1	全面负责刀具维修及更换
	班长	4	负责掘进过程中查刀、换刀，每班 2 人
	刀具检查更换	4	整备期间查刀、换刀、刀盘检修
	刀具车间	4	检修更换下来的刀具、组装新刀
	小计	13	
保障班	班长	1	负责 TBM 供电、供水、供风的全面保障工作
	工人	3	风、水、电系统的日常检查与维修
	运输组长	1	全面负责运输工班工作
	机车操作	8	考虑 3 个编组运输 TBM 施工材料，1 列调车
	材料装卸	10	每班 5 人
	车辆维修	4	机车及运输车辆的检修
	小计	27	归综合保障队
	合计	86	

5.3.5　施工组织

5.3.5.1　TBM 组装人员

TBM 组装由设备制造单位提供技术指导和现场技术支持，施工单位提供专业技术人员及劳动力支持。TBM 组装期间将针对 TBM 组装的特点按照每天二班作业模式，组织专业技术人员和劳动力组成 TBM 组装队伍。TBM 组装人员配置如表 5-14 所示。

表 5-14　　　　　　　　　　TBM 组装人员配置表

班组	人员配备	备注
技术组	专家 5 人	
机械组	技术人员 6 人	2 班作业
	技术工人 14 人	
液压组	技术人员 6 人	2 班作业
	技术工人 4 人	
电气组	技术人员 6 人	2 班作业
	技术工人 4 人	
保障组	25 人	其中总调度 1 名，调度 2 名
安全员	2 人	2 班作业
合计	72 人	

5.3.5.2　TBM 组装设备

TBM 最大不可拆卸件质量预计为 110t，综合上述因素选用 1 台 2×60t 桁吊。桁吊使用注意事项：

（1）各部件均需在厂内组装试运转，带有出厂合格证；

（2）安装调试后，大车、小车运行机构的车轮与轨道之间不得有啃轨现象；

（3）现场调试时，调好大车、小车的行走极限位置后，将大车限位开关撞尺和小车行程限位装置分别固定在合适位置；

（4）现场组装完成时，应分别进行空载、静载、动载负荷和 1.25 倍超载试验。

TBM 组装配置表见表 5-15。

表 5-15　　　　　　　　　TBM 组 装 配 置 表

序号	设备名称	规格	数量	备注
1	桁吊	2×60t	1 台	
2	叉车	5t	1 台	
3	液压升降台车	8m	1 台	
4	空气压缩机	0.8～1.0MPa	2 台	
5	直流电焊机	MIG 300A～500A	2 台	配 CO_2 保护焊用具
6	焊机	SMAW 400A 500A	4 台	
7	风动扳手	系列	4 套	
8	手持式打磨机		10	备耗材
9	固定式打磨机		1	
10	手电钻	手持式	2	
11	磁力钻		1	配钻头
12	对讲机	手持式	8 对	
13	切割锯		1 台	
14	高压水清洗机		1 台	
15	液压扭矩扳手		1	
16	液压张紧扳手		1	
17	卷扬机	5t	1	

5.3.5.3　流程图

TBM 组装主要包括主机组装、后配套组装、出渣装置组装以及电气组装。TBM 组装流程详见图 5-61。

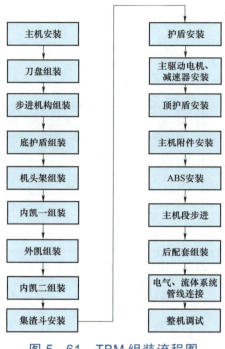

图 5－61　TBM 组装流程图

5.3.5.4　TBM 组装

1. 主机安装

TBM 大件由汽车运输至组装洞内，使用门吊卸车。卸车时，严格按照起吊规范操作，避免发生碰撞或安全事故。刀盘支撑、驱动总成等精密部件，应放置在枕木上，避免与地面直接接触。刀盘放置时，应预留足够空间，以便刀盘焊接后的吊装。

（1）刀盘组装作业。

1）焊接环境及准备。刀盘运抵组装区间后，将刀盘各分块放置在预先规划的焊接区域内，各部件目测检查无误后，将 2 个半块按照设计图纸拼装（见图 5－62）。搭建保温棚（长×宽×高：10m×10m×3m），将刀盘置于保温棚内进行焊接作业。

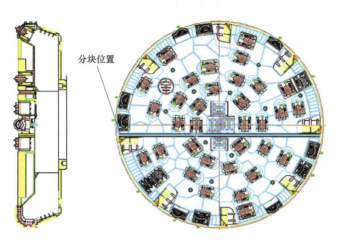

图 5-62　刀盘拼装图

在刀盘焊接保温棚顶部安装 1 台 3kW 轴流风机和 1 台 30kW 电热装置（见图 5-63），用于排放污风和保温棚内环境加热升温，环境温度控制在 15℃ 以上。刀盘焊接过程使用红外线测温枪，实时检测环境温度和焊缝温度，做到温度精确控制，确保焊接质量。

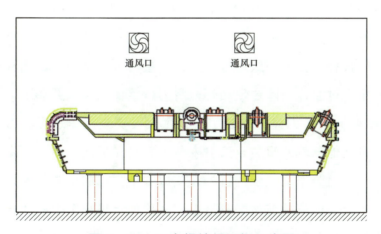

图 5-63　刀盘焊接保温棚示意图

2）现场铆焊工艺。

a. 刀盘正面。将上、下边块待焊接处以及待焊处周边 100mm 范围内的油漆打磨干净，露出金属光泽。将刀盘下边块支撑垫起，刀盘掘进面朝上，并使用垫块调整高度，使用经纬仪找平，刀盘支撑如图 5-64 所示。

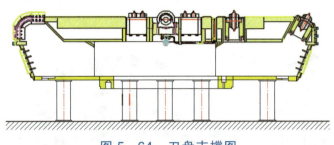

图 5-64 刀盘支撑图

将上边块和下边块的连接块挂好，使用水平尺找平上、下边块的平面度小于或等于 5mm。

装配好后将连接板的螺栓使用液压扳手拧紧，检查连接板之间的间隙，如较大，则使用工艺板填塞缝隙。使用氧乙炔火焰对焊接处进行预热，并进行焊前预热处理，预热温度为 100~150℃。焊接过程中 4 人同时焊接，每人焊接边块对接的一边，对称焊接可以减少焊接过程中引起的焊接变形；焊后去除焊渣和飞溅物，将焊缝打磨平整、光滑，不得留下咬边、焊瘤等常见的焊接缺陷。

焊接时先焊接边块面板处焊缝，然后焊接边块大圆环处焊缝，以及边块圆弧过渡板处焊缝，注意焊缝拐角处不应断弧，单层多道焊断弧连接处应错缝搭接。

b. 刀盘背面。将刀盘正面焊缝焊接完成后翻转刀盘，焊接锥板处及边块背板焊缝，焊接过程及要求和焊接正面焊缝相同，焊接后对焊缝进行 UT（超声检测方法）探伤，并按相应标准等级进行检测。焊接结束后将刀座工艺板割除并修磨至与刀座板面平滑过渡，割除边块吊耳，将刀盘整体翻身，并调平刀盘。

3）刀盘安装。由于刀盘的安装工序在主大梁安装完毕之后，刀盘在焊接的同时可进行主机其他部件的组装。刀盘安装方案将在后面工序中介绍。

（2）步进机构组装作业。步进机构是安放固定主机的重要部件，对场地的平整度要求较高，组装前应提前做好测量工作，确保步进小车中心线与安装轴线相重合，并处理好场地平整度，否则将影响主机的稳定性。同时考虑放置位置应留有足够的空间，避免与刀盘焊接发生位置干涉。步进机构底板放置完成后需要对内表面的焊接部位进行打磨，以保证在 TBM 步进过程中与底护盾的摩擦力减至最小，并对与底护盾相结合的位置涂刷润滑油脂。步进机构放置示意如图 5-65 所示。

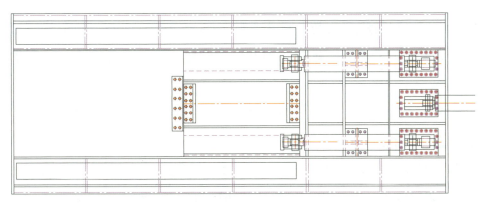

图 5-65　步进机构放置示意图

（3）底护盾组装作业。步进机构放置完成后，即可进行底护盾的放置（见图 5-66），放置时需要注意预留刀盘位置，以保证在吊装后前部主机重量与刀盘的重量集中受力点位于步进架上面，放置完成后应保证水平度、垂直度满足要求，并及时清理各螺栓孔、底护盾销孔，对其与主机接触面进行防腐防锈处理。其方法如下：

1）安装需将底护盾平整地安放在步进机构上，需要 2～3 人将底护盾连接面用清洗剂进行清洗完后，再彻底地清理所有的加工面和孔并去毛刺。

2）确认润滑回油管安装孔都已经清理干净并且完好。将管滑入孔内并保证配合完好。

3）在下底支撑的底部安装人员出入孔盖。

4）安装底护盾的销子，将孔做必要的清理后，安装连接销子，紧固压盖的螺栓。

5）安装底护盾销防脱键，并涂抹防自

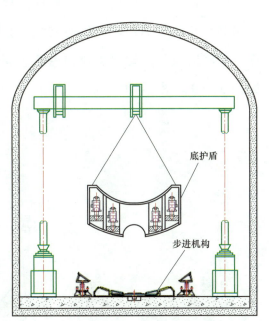

图 5-66　底护盾的吊装

锁剂。用水平尺对底护盾进行纵向及横向测平，有不平的地方可以用薄钢板进行垫平，垫平后对底护盾边缘进行检查，确保与机头架进行连接时不会发生滚动。

（4）机头架组装作业。机头架安装前需要完成机头架翻转，将机头架吊装至底护盾上面，应当注意的是，机头架除外部一排螺栓以外，其余部分螺栓的连接都需要人员在主机内部作业，因此对吊装精度及安全性有极高的要求。其方法如下：

1）检查组装结合面，注重与底护盾连接的接触面、螺栓孔、键槽、润滑油油孔的检查，提前做好保护。

2）翻立机头架，需在机头架底端垫一层 4 根 250mm 方木，顶端垫 200mm 方木两层，每层两根，方木上包好清洁的加厚塑料布，翻立步骤见图 5-67。

3）底护盾上安装定位键，并确认底护盾上表面清洁。

4）翻转完成后进行机头架起吊、移动和安放，将机头架吊装至底护盾上方，此时每个方向应当保证有两人以上对螺栓孔进行校正，在校正完螺栓孔后，将螺栓带入，为保证安装顺利，应当在全部螺栓安装后放下机头架，然后进行紧固。机头架与底护盾的连接如图 5-68 所示。

（5）内凯一段组装。先彻底地清理所有的加工面和孔并去毛刺，将内凯一水平吊装至机头架后侧，对位后安装并紧固连接螺栓。起吊前需在内凯一下安放制作好的临时支撑，焊接支撑与内凯一底部连接面，确认支撑牢固后，摘除吊钩，如图 5-69、图 5-70 所示。

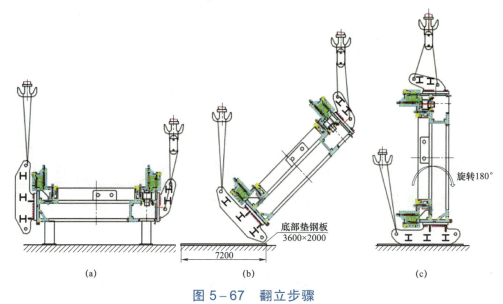

图 5-67　翻立步骤
（a）步骤一；（b）步骤二；（c）步骤三

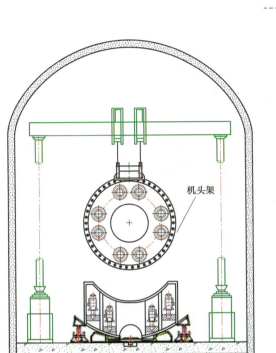

图 5-68   机头架与底护盾的连接

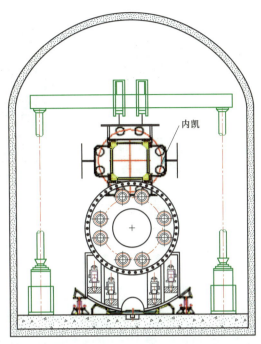

图 5-69   内凯一吊装图

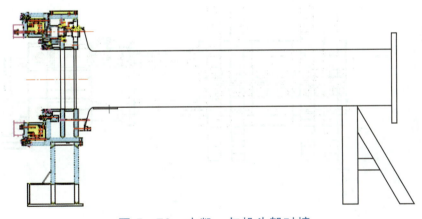

图 5-70   内凯一与机头架对接

（6）外凯组装。先彻底地清理所有的加工面并去毛刺。外凯耐磨板安装要平整，内、外凯耐磨板之间间隙要尽量小。安装时可先将外凯装到内凯上，然后再装撑靴。外凯两半连接时，键要装好，螺栓安装要求预紧。安装撑靴时要注意撑靴上的槽要沿掘进方向靠前，不要将撑靴装反。销轴安装时，对销轴和孔都涂抹一些防自锁剂。销轴要用挡圈、螺栓和垫片固定好。外凯安装连接如图 5-71 所示。

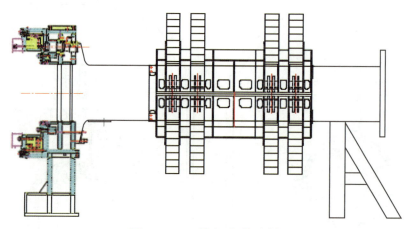

图 5－71　外凯安装连接

（7）内凯二、后支撑组装。彻底地清理所有的孔和加工面并去毛刺。安装好内凯二上的键，连接螺栓安装要求进行预紧。安装内凯二前先将传动轴保护罩穿到外凯里面。内凯二、后支撑连接如图 5－72 所示。

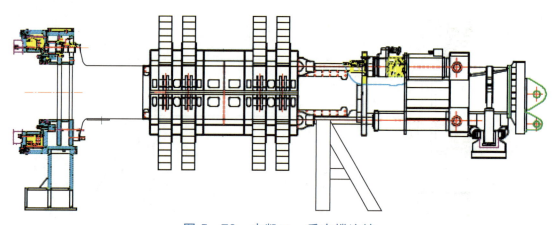

图 5－72　内凯二、后支撑连接

（8）集渣斗的安装。接渣斗安装需在刀盘安装前完成。接渣斗需要用钢丝绳和倒链配合吊 4 个角才能顺利安装，吊起后用倒链进行调平，缓慢移向安装位置，用倒链进行调整使 4 个销孔对齐后，销子上涂防自锁剂，穿进销孔，安装盖板，卸载吊机，见图 5－73。

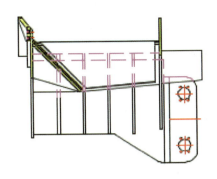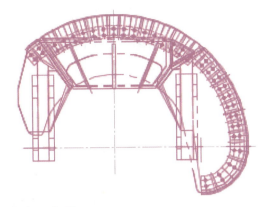

图 5-73　接渣斗示意图

（9）护盾的安装。侧护盾分为底左、底右、顶左、顶右护盾，安装按照从左到右、从下到上原则依次进行。先装底左护盾和底右护盾，待刀盘安装完成后方可进行顶左护盾和顶右护盾的安装。清理摇块、楔块及安装表面，涂抹防锈油脂，安装摇块到机头架上。侧护盾、楔块、侧护盾下部油缸进行子组装。将油缸的活塞杆收回，油缸与楔块进行子组装，再将油缸和楔块吊起与侧护盾进行子组装，最后安装楔块固定板。子组装完成后，钢丝绳挂侧护盾上部吊耳缓慢起吊，起吊过程中移动吊机，避免侧护盾大幅度摆动，缓慢移至机头架侧部，挂 5t 倒链使侧护盾下部靠近机头架，利用吊机和倒链配合使侧护盾与机头架耳轴对齐，在销子上涂上防自锁剂穿进销孔，盖上盖板，拧紧螺栓。

侧左护盾吊装示意图如图 5-74 所示。

（10）刀盘安装。刀盘焊接完毕后进行

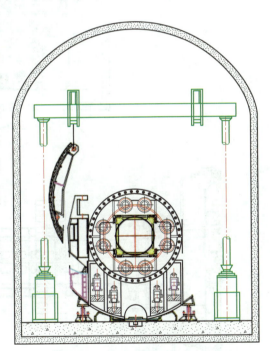

图 5-74　侧左护盾吊装示意图

刀盘安装。刀盘与转接环的对接无论是吊装还是组装的要求都较高，螺栓孔对位时需保持精确。

刀盘法兰与转接环连接时，提前固定好 O 形圈。组装螺栓时，先对称组装 4

个（上、下、左、右各一）。拧紧4个螺栓（预紧扭矩为最终扭矩的1/2）后，再以同样的扭矩对称组装其他螺栓，最后依次对称循环完成所有的螺栓最终扭矩预紧。刀盘的吊装如图5-75所示，刀盘组装示意图如图5-76所示。

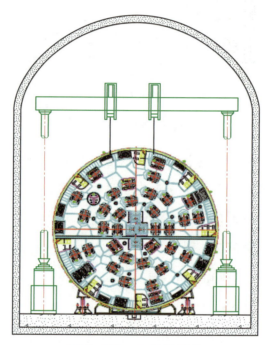

图5-75 刀盘的吊装

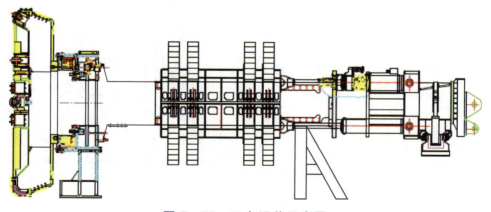

图5-76 刀盘组装示意图

（11）主驱动电动机、减速箱的安装。变速箱与主电机组合安装，便于减速箱内花键与小齿轮花键轴相对位置调整；安装主驱动电动机时需要取下电动机扭矩限制器，因对内花键与小齿轮花键齿位时，需要转动电动机轴；安装螺栓固定前，需调整好电动机接线盒、冷却水管接头位置和减速箱冷却水管、刹车控制的液压油管接口位置；装好扭矩限制器后，需将扭矩调整到使用扭矩，以免误动作切断保险销造成浪费。减速箱与主驱动电动机组合见图 5-77。

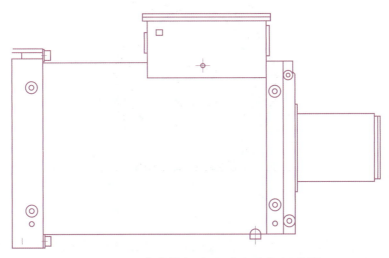

图 5-77　减速箱与主驱动电动机组合图

（12）顶护盾安装。刀盘安装完成后，即可进行护盾封闭，一次安装顶左、顶右护盾，顶护盾，吊装方法类似于底左、底右的吊装，如图 5-78 所示。护盾封闭后即可进行拱架组装、锚杆钻机、辅助平台等辅助部件的安装，安装方法较为简单，不再赘述。安装完成示意图如图 5-79 所示。

（13）主机附件安装。

1）主推油缸的安装：将主推油缸缸体端支座连接至撑靴上的油缸支座上，保持起吊状态，安装销轴；调整主推油缸活塞杆端支座与内凯油缸支座对位，安装活塞杆端销轴，安装定位销。固定后，解除吊装装置，吊装过程中，应时刻注意避免油缸发生碰撞，以免造成油缸进、出油口的损坏。

2）进行运输小车、作业平台等所有附件的安装。要求主机系统所有附件（结构件）必须在此阶段安装完毕，避免主机步进至洞内后再次吊装。

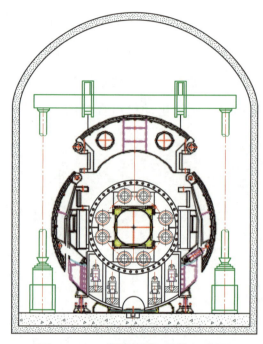

图 5-78　顶护盾的吊装示意图

3）完善步进系统，安装步进推进油缸、步进泵站管路连接、后支撑和主推油缸管路连接。

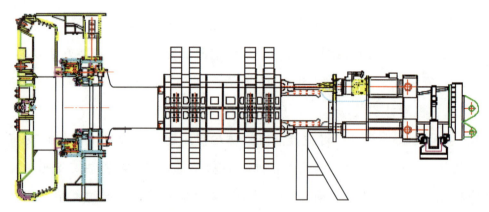

图 5-79　安装完成示意图

2. ABS 安装

ABS（后退保护装置）安装前需校核装置与步进架的安装高差，底部采用临时支撑垫实，如图 5-80 所示。

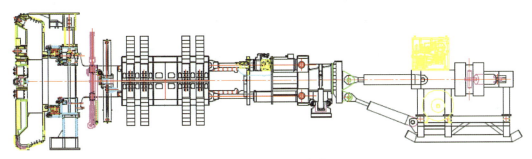

图 5-80　ABS 安装

3. 主机段步进

（1）步进前准备。主机、ABS 及所有附件安装完毕后，即可进行步进。步进前需确认以下事项：

1）沿洞内方向步进，盾体上焊接顶推块，顶推底座螺栓紧固。

2）给步进泵站供电，调试步进机构液压系统泵站各项参数，检查管路连接是否正确。

3）确定步进作业指挥员、步进机构操作手，进行步进工序讲解。

4）准备好步进作业通信所需的手持式对讲机。

5）主机始发架支撑轨道涂抹润滑油脂。

（2）步进作业流程。主机利用辅助油缸顶推方式进行步进，按照下列流程完成步进：

1）确认步进前工作准备完毕，将辅助油缸回收至最前端（见图 5-81）。

图 5-81　步进图示

2）启动步进泵站，按下推进按钮，开始顶推。需遵循以下注意事项：

a. 步进指挥员时刻观察推进油缸与顶推座连接面的滑动情况，出现问题及时发出指令信号。

b. 步进操作员与指挥员时刻保持通信畅通，并时刻注意观察油缸行程是否完毕。

c. 步进完成一个行程，按下停止按钮。

3）操作油缸回收手柄，使油缸收回一个行程长度，油缸回收过程中将顶推底座向前拖动一个行程，实现步进循环复位。

4）按照以上流程开始下一循环的步进作业。

5）刀盘步进至截止线后，停止步进。

主机前端步进到爬坡段时，利用举升油缸将步进架升起，调整角度保持与始发洞室轴线一致。

4. 后配套组装

后配套结构件及附属设备分批次运抵组装场，开始组装后配套台车及附属设备。完成台车安装后，顺序完成后配套台车及附属设备安装。

主机步进后即可将已安装完毕的滑车及附属设备运至组装区域内，按照从前到后的顺序组装，见图5-82。

图5-82　后配套滑车组装布置图

5. 电气、流体系统管线连接

TBM整机步进到位后，即可进行电气系统长大线缆的铺设。各供电系统按照设计的电缆通道要求进行铺设，遵循以下原则：

（1）高压电缆、动力电缆、照明电缆、控制电缆分开铺设，按照设计的电缆桥架进行铺设。

（2）滑车连接处的管线布置必须预留弧度，以满足曲率半径要求。

（3）出现容易松动和活动的位置，应在管线下面垫设胶皮，以防止管线长时间磨损失效。

（4）电气线缆在铺设过程中，应时刻注意防止电缆的异常划裂，各接线箱应及时设置防水罩。

（5）液压系统液压油加注、润滑系统润滑油加注、油脂系统安装、主驱动减速箱齿轮油加注等，按照设计加油量进行添加。作业过程中，必须保证加油机、管路、接头等清洁，尽量保持环境清洁，避免粉尘漂浮时加注。

6. 整机调试

（1） 调试前准备。TBM 步进至始发洞段，开始调试作业前需检查确认以下事项：

1）检查底护盾、刀盘与步进机构底板的干涉程度，确保刀盘旋转时不发生任何干涉。

2）确认撑靴与始发洞壁的距离满足撑靴油缸行程要求。

3）确认电气系统电缆连接正常，尤其是高压系统各开关的状态确认。

4）确认液压系统各闸阀的状态是否正确。

5）检查确认冷却水位、液压油位、齿轮油位等是否满足 TBM 运行要求。

6）参与调试及巡检人员必须了解各急停按钮的位置，配置手持式对讲机。

（2）调试。整机调试分为空载调试和负载调试，空载调试完成后，在试掘进阶段进行负载调试。空载调试分为以下顺序：

1）电气系统。电气系统上电采用先高压、再动力、后控制的顺序，依次检查各高压柜带电指示是否正常，确认供电电压是否正常。送电顺序按照各级电压等级从上到下，依次合闸，且送断电操作必须由持证电工作业。

2）动力启动。电气系统确认无误后，进行液压管路、阀组的检查，确保无误。依次启动各泵站，观察运行情况，是否为空载运行状态。

启动各附属设备，检查空载运行情况。

3）联动调试。各系统运行起来后，根据程序设计的相互联动、联锁功能依次进行实验检测，确认各项联锁、安全系统是否满足设计要求。

4）功能调试。安全确认完毕后，可对各分系统机构的功能进行功能调试。对拱架安装器、锚杆钻机、运输小车、主推油缸、撑靴、后支撑、喷浆系统等所有活动部件依次进行功能调试，按照完全满足设计功能要求及施工需要，确认无误。

5.3.5.5　TBM 拆机

1. 拆机准备

设备拆机前应做好详细的拆机施工组织设计，编制拆机总体方案、主要部件及系统的拆卸运输及存放方案、应急预案等内容。

拆机设备、工具和材料主要包括桁吊、叉车、液压升降台车、空气压缩机、焊机、扳手、卷扬机、手动葫芦、千斤顶、铜棒、铜锤、清洗机等。拆机前完成培训工作。拆卸人员的组织调配清单见表 5-16。

表 5-16　　　　　　　　　拆卸人员的组织调配清单

班组	人员配备	备注
领导组	4 人	含项目经理、生产副经理、总工等
机械组	技术人员 2 人	2 班作业
	技术工人 20 人	
液压组	技术人员 2 人	2 班作业
	技术工人 12 人	
电气组	技术人员 2 人	2 班作业
	技术工人 12 人	

续表

班组	人员配备	备注
保障组	24 人	其中总调度 1 名，调度 2 名
安全员	2 人	2 班作业
合计	80 人	备注

2. 拆卸要求

洞内拆卸的洞室及拆卸应符合以下要求：

（1）拆卸洞室的建造应遵守经济原则，尽量减少建造费用。拆卸洞室应选择在围岩较稳定，整体较完整的位置。拆卸洞室断面一般设计为蘑菇状圆拱直墙式，洞室底板需要进行硬化，达到 TBM 拆卸和运输条件。

（2）TBM 起吊方式采用桁吊时，桁吊的横向工作范围应大于主机直径，吊钩相对地面的最大有效起吊高度应大于主机直径 3～4m，起吊能力按相关规定确定。应充分考虑桁吊在洞内的运输和安装条件。

（3）配电系统应满足桁吊和附属设备拆卸等用电、照明、电焊机、空气压缩机等机具的用电要求，同时结合后续施工要求进行配置。

（4）为了保持拆卸洞内的干燥和清洁，在拆卸洞内设置排水坑。用抽水机将积水排出拆卸洞。

（5）拖车拆出前应将管线和皮带机的皮带进行拆解，并对主机及部分拖车上的小型装置和设备进行拆解。拆卸下来的设备，及时用平板车等运出洞外，并在洞外利用门吊和汽车吊进行细部拆解，拆解部件，经汽车转至存放场。拖车、设备桥应分组从洞内拖出，在洞口拆卸场地利用门吊和汽车吊解体，并直接包装或者先用汽车运送到存放场。

（6）在拆卸洞至后配套拆卸处要打随机锚杆并注浆固结，锚杆应在安装吊具前进行拉力试验，以达到设计要求。

3. TBM拆机方法

（1）拆机顺序。TBM接收后，先将主机与后配套分离，然后通过拖拉装置将TBM主机运至拆机洞室，主机拆机后再依次拆后配套设施，拆掉部件通过施工支洞运出，整机拆机流程如图5-83所示。

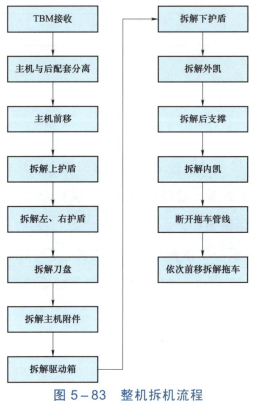

图5-83 整机拆机流程

（2）TBM接收。当TBM完全推进至接收架上，后支撑脱离掘进洞室后，停止推进。清理刀盘表面、刀具、土仓内、主机表面的泥土，便于拆机作业的开展，如图5-84所示。

（3）主机与后配套分离。断开主机与ABS装置拖拉油缸，将断开的液压、流体管路用专用堵头进行封堵。在断开液压系统之前用油桶将油箱中的液压油、主驱动箱、主驱动减速机等部位的齿轮油放出存储并运输出洞。旋转接收架、主机由倾斜状态变为水平姿态。主机与后配套分离示意如图5-85所示。

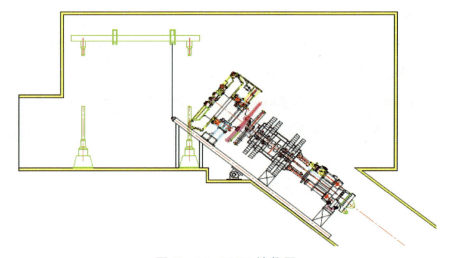

图5-84 TBM接收图

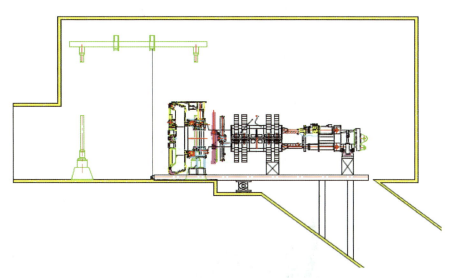

图 5－85　主机与后配套分离示意图

（4）顶护盾拆除作业。焊接盾体上部块吊耳，拆除顶部块与主驱动连接销轴，用吊机将顶部块吊出前移，如图 5－86 所示。

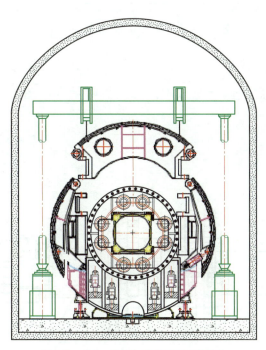

图 5－86　顶护盾拆解示意图

（5）侧护盾拆除作业。焊接盾体上部块吊耳，拆除侧部块与主驱动连接销轴，用吊机将顶部块吊出前移，如图5-87所示。

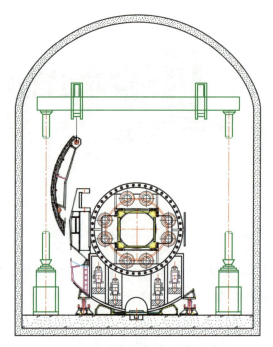

图5-87　侧左护盾吊装示意图

（6）刀盘拆除。焊接刀盘吊耳；松解刀盘与驱动连接螺栓；通过吊机将刀盘吊出至地面平放，刀盘下面支垫方木，刀盘拆除示意如图5-88所示，刀盘的吊装如图5-89所示。

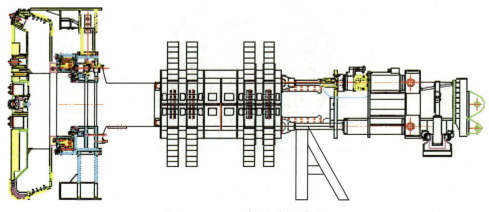

图5-88　刀盘拆除示意图

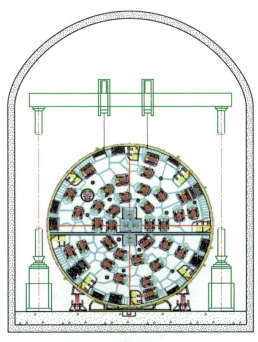

图 5-89　刀盘的吊装

（7）主机附件拆除。依次拆除钢拱架安装器、锚杆钻机、运输小车、主推进油缸、作业平台，如图 5-90 所示。

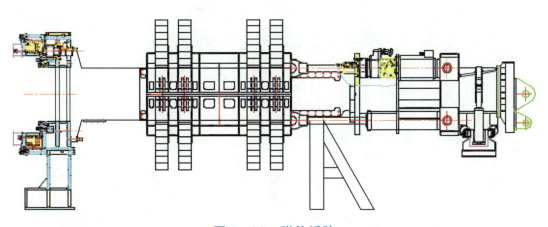

图 5-90　附件拆除

（8）驱动箱拆除。拆除电动机，断开传动轴与驱动箱连接。安装主驱动，吊装上部工装，拆除主驱动与盾体底块连接螺栓，用吊机将主驱动吊出。机头架与底护盾断开如图 5-91 所示。安装主驱动下部工装，用两个吊机进行主驱动翻身，将主驱动平放，主驱动下部支垫方木。机头架翻身如图 5-92 所示，电动机、减速机拆除示意如图 5-93 所示。

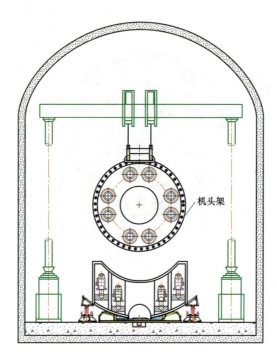

图 5-91 机头架与底护盾断开

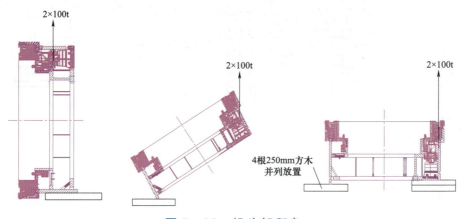

图 5-92 机头架翻身

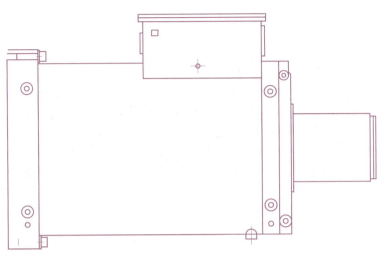

图 5−93　电动机、减速机拆除示意图

（9）底护盾拆除。利用吊机拆除底护盾，如图 5−94 所示。

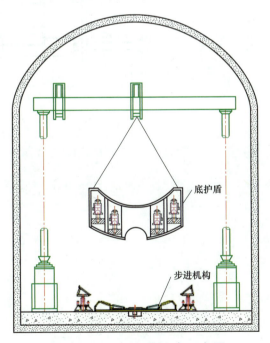

图 5−94　底护盾拆除示意图

（10）外凯拆除作业。断开外凯分半连接螺栓，将外凯从内上拆下，如图 5−95 所示。

（11）内凯二、后支撑拆除。断开内凯二与内凯一连接，将后支撑、内凯二拆除，如图 5-96 所示。

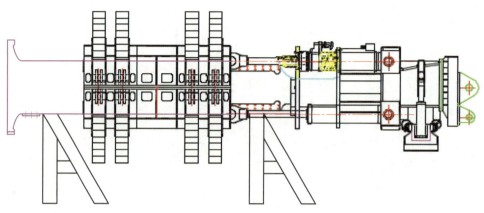

图 5-95 外凯拆除示意图

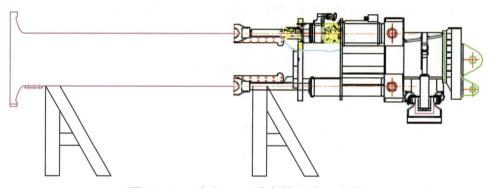

图 5-96 内凯二、后支撑拆除示意图

（12）内凯拆除作业。拆除内凯一，取掉下部支撑工装，如图 5-97 所示。

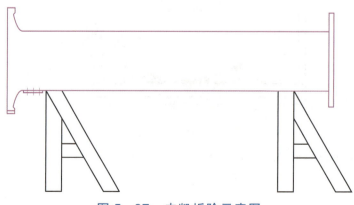

图 5-97 内凯拆除示意图

（13）后配套拆除作业。主机拆机完成后，步进架 1 复位到倾斜位置，后配套依次步进至步进架 1，将步进架 1 后方上的后配套台车固定在步进架 2 上，断开后配套台车之间连接；利用拖拉装置将步进架 1 放至水平位置，固定好步进架 1 后，进行后配套拆机作业；按照上述相同步骤，依次完成后配套拆机作业。

滑车前移如图 5−98 所示，滑车拆除如图 5−99 所示。

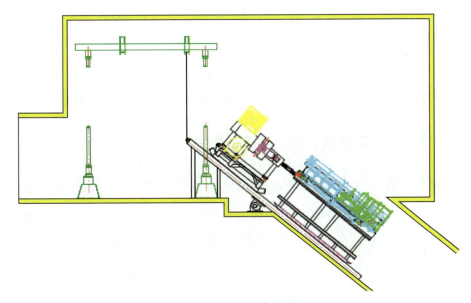

图 5−98　滑车前移

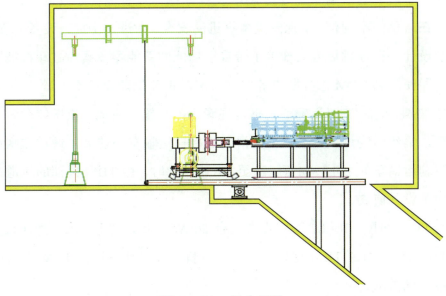

图 5−99　滑车拆除

5.3.6　TBM 施工重点、难点

5.3.6.1　TBM 施工重点、难点分析

引水隧洞埋深为 184～684m，围岩以中等风化～新鲜斑状花岗岩为主，单轴饱和抗压强度为 90～150MPa，发生岩爆的概率小，斜井 TBM 施工主要侧重硬岩持久破岩和设备自身安全性设计。由于大坡度斜井 TBM 在国内还没有应用案例，为保障斜井 TBM 的安全，防止出现设备后溜、下滑等事故，需要进行针对性设计，重点对 TBM 的防溜、物料运输、通风出渣、支护措施等进行研究。

5.3.6.2　TBM 施工重点、难点处理措施

（1）硬岩破岩应对措施：TBM 刀盘结构采用高强度、高耐久性设计，合理设计滚刀间距，提升对高强度岩石的破岩能力；主轴承、驱动电动机、减速机、液压/润滑泵和电动机、液压油缸、控制系统等关键部件采用高可靠性配置，实现连续、稳定、高效破岩。

（2）大坡度斜井 TBM 防溜措施：TBM 采用凯式设计，设备主撑靴为两套 X 形撑靴，设备后配套前端布置两套 ABS 支撑系统，设备撑靴总数量达到 20 个，各撑靴撑在岩壁的不同位置，保障设备掘进的安全。为进一步提升设备的安全性，采用冗余设计，在撑靴后方又部署了带自锁功能的蓄能器撑紧油缸和机械连杆制动机构，即使遇到 TBM 意外断电等恶劣工况时也能保障设备不下滑。

（3）物料运输：物料运输通过钢丝绳牵引的运输车完成。液压绞车布置在斜井的底部，钢丝绳绕过 TBM 后部的滑轮连接在运输车的前端，通过控制钢丝绳的收放控制运输车的上下，物料运输至 TBM 尾部时，由 TBM 顶部的轨道吊车将物料运输至设备前端。

（4）TBM 通风：在组装洞室设置一台 50kW 风机，采用压入式通风，一次通风至 TBM 尾端，通过 TBM 尾端二次加压风机，输送新鲜风至 TBM 主机区域，保障设备用风需求。

5.3.7　施工进度分析

5.3.7.1　综合掘进进尺分析

斜井洞室围岩为中等风化～新鲜斑状花岗岩，地质构造较简单，围岩工程地质类别以Ⅱ～Ⅲ类为主。根据本工程地质特性，结合所配置设备生产能力，掘进按 2 班制，每班工作时间为 10h，设备维护 4h，每月有效工作时间为 25d。在Ⅱ、Ⅲ、Ⅳ类围岩下月综合进尺情况见表 5－17。

表 5－17　　　　　　　　　在Ⅱ、Ⅲ、Ⅳ类围岩下月综合进尺

围岩类别及占比（％）		掘进速度（mm/min）	日工作时间（h）	月工作天数（d）	TBM 利用率（％）	TBM 月进尺（m/月）	平均月进尺（m/月）
Ⅱ类围岩	45	20	20	25	33	198	250
Ⅲ类围岩	45	35	20	25	28	294	
Ⅳ类围岩	10	50	20	25	19	285	

注　TBM 需要频繁进行换步等工作，掘进效率会受到一定影响，平均月进尺按 200m/月计算。

5.3.7.2　施工工期对比

1. 采用钻爆法施工

上、下斜井采用反井钻开挖导井＋钻爆法扩挖，按月平均进尺 30m 计算，开挖工期为 20 个月；中平洞采用钻爆法开挖，按月平均进尺 90m 计算，开挖工期为 4.5 个月。两条引水隧洞同步施工，总工期为 24.5 个月。

2. 采用 TBM 施工

斜井按月平均进尺 200m 计算，1 号引水斜井施工工期为组装洞和始发洞开挖支护工期 3 个月＋设备组装调试 2 个月＋1 号引水斜井开挖工期 4.6 个月＋拆机转运 2 个月，总计 11.6 个月。1 号引水斜井采用 TBM 施工开挖工期较钻爆法施工缩短 12.9 个月。

1 号引水斜井开挖完成后，转场到 2 号引水斜井，安装调试工期为 2 个月＋2号引水斜井开挖工期 4.6 个月＋拆机 2 个月，共计 8.6 个月。

使用 1 台 TBM 逐次开挖两条引水斜井总工期约为 20.2 个月，较钻爆法节约工期 4.3 个月。斜井 TBM 与钻爆法施工工期对比见表 5－18。

表 5－18　　　　　　　斜井 TBM 与钻爆法施工工期对比表

施工工艺	长度	综合进尺	工期	说明
钻爆法	上斜井：267m 中平洞：390m 下斜井：272m	中平洞：90m/月 斜井：30m/月	24.5 个月	两条引水隧洞同时施工：上斜井开挖工期为 10 个月＋中平洞开挖工期 4.5 个月＋下斜井开挖工期 10 个月＝24.5 个月
TBM	一级斜井：920m	200m/月	20.2 个月	1 号引水斜井：组装洞和始发洞开挖 3 个月＋安装调试 2 个月＋1 号斜井开挖 4.6 个月＋拆机转运 2 个月＝11.6 个月。 2 号引水斜井：安装调试工期 2 个月＋2 号引水斜井开挖工期 4.6 个月＋拆机 2 个月＝8.6 个月。 1 台 TBM 开挖两条引水斜井总工期为 20.2 个月
TBM 施工工期节约			4.3 个月	

5.3.8　TBM 施工经济分析

综合考虑 TBM 单次连续掘进距离、设备拆装次数、关键零部件使用寿命等因素，该台 TBM 设备寿命期总运行公里数按 8km 进行考虑，为进一步降低 TBM 的施工成本，TBM 设备的制造成本拟在 8km 内摊销完成，河南洛宁抽水蓄能电站引水斜井 TBM 施工开挖长度为 1662m（扣除两条引水斜井的始发洞段）。TBM 施工费用除设备摊销费外，还包含辅助工程费用、耗材使用费、设备维护费等，辅助工程包括新开挖的组装洞室、拆机洞室、接收洞室等，耗材包括刀具消耗、钢轨、轨枕以及风、水、电耗材等，综合计算后，与钻爆法比较，费用约是传统钻爆法 2.4 倍以上。

5.3.9　小结

抽水蓄能电站引水斜井使用 TBM 施工在国外有较多应用案例，技术上的可行性和安全性也得到了充分验证。目前国内斜井 TBM 应用尚属空白，抽水蓄能电站斜井应用 TBM 需要设计单位和 TBM 设备制造厂家进行针对性和适应性研究，解决斜井 TBM 的一系列关键问题。设计单位需要将原设计方案的上斜井、中平洞、下斜井合并为一级长斜井，调整洞室坡度和断面尺寸，研究 TBM 施工技术下斜井的衬砌型式、支护参数等；TBM 设备制造厂家需要结合斜井的坡度、地质条件等进行针对性研究，在设备防溜、出渣、通风、人员及材料运输、不良地质段处理等方面制定专项措施，保障设备掘进时的安全和效率。施工单位需要重点研究 TBM 施工后长斜井压力钢管的安装措施，确保压力钢管安装不影响电站投产发电时间。

斜井 TBM 施工与传统施工方法相比，具有安全防护水平高、机械化程度高、施工作业环境好等优点，在工期上也具有优势，以河南洛宁抽水蓄能电站为例，采用 TBM 施工预计比钻爆法节约工期 4.3 个月。

斜井 TBM 目前施工费用较高，未来随着设备制造成本的下降和在抽水蓄能电站的规模化应用，TBM 施工成本有望进一步降低。

传统钻爆法施工需开挖施工支洞到中平洞，先开挖中平洞，然后利用反井钻机开挖下斜井，最后再开挖上斜井，施工工序复杂且受设备影响较大，施工工期长。斜井 TBM 施工可以将两级斜井合并为一级斜井，可以节约施工工期，同时减少水头损失，有利于提高水轮机和发电电动机效率。斜井 TBM 实现了隧洞开挖支护机械化作业，减少了人员投入，避免了传统钻爆法施工四级作业风险，也提升了隧洞开挖质量，具有极大的经济效益和社会效益。

5.4　洛宁排水廊道 TBM 应用研究

5.4.1　原洞室布置方案

河南洛宁抽水蓄能电站环绕主副厂房、主变压器洞和尾水事故闸门室周边设置了三层排水廊道。上层排水廊道设在主厂房顶拱拱脚高程附近，与主厂房通风兼安全洞及主变压器排风洞相交并连通，断面净尺寸为 3.00m×3.00m（宽×高）；中层排水廊道在主厂房发电机层高程附近，断面净尺寸为 3.00m×3.00m（宽×高），与进厂交通洞相交并连通；下层排水廊道设在主厂房尾水管层高程附近，与厂房集水廊道、自流排水洞连通，断面尺寸为 3.00m×3.00m（宽×高），最小转弯半径为 30m，排水廊道断面均为圆拱直墙型。

自流排水洞连接下层排水廊道右侧末端，将厂区渗漏与检修水引排至白马涧下游河道，长度为 2036.575m。自流排水洞开挖断面尺寸为 3.10m×3.30m（宽×高），城门洞型断面，半圆顶拱；断面支护后净空尺寸为 2.90m×2.85m（宽×高）。

三层排水廊道及自流排水洞三维布置图如图 5-100 所示。

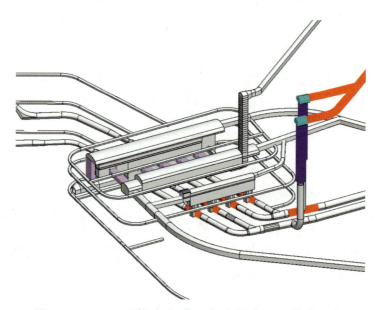

图 5-100　三层排水廊道及自流排水洞三维布置图

5.4.2　TBM 施工洞室设计

5.4.2.1　原洞室尺寸设计方案

厂房三层排水廊道与自流排水洞规格一致，开挖断面尺寸为 3.10m×3.30m（宽×高），采用圆拱直墙型断面。排水廊道洞室断面如图 5-101 所示。

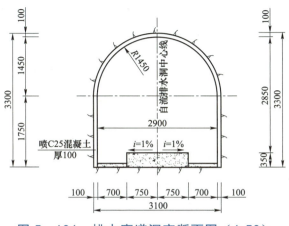

图 5−101 排水廊道洞室断面图（1:50）

i—中间至两侧的坡度

5.4.2.2 TBM 施工洞室设计

根据开挖断面尺寸（3.10m×3.30m）限界要求，以及排水廊道、自流排水洞的排水功能考虑，经洞线断面模拟，初步类比，直径为 3.53m 的 TBM 开挖形成的洞室可以满足排水廊道、自流排水洞使用功能要求。

隧洞洞室模拟图如图 5−102 所示。

5.4.3 TBM 装备设计

5.4.3.1 TBM 设计参数

TBM 设计开挖直径为 3.5m，整机总长约

图 5−102 隧洞洞室模拟图

为 35m，总重约为 250t，水平最小转弯半径为 30m，纵向爬坡能力为±5%，装机功率为 1452kW。TBM 主要技术参数如表 5−19 所示。

表 5−19 TBM 主要技术参数表

项目	参数列表	单位	备注
1. 整机性能概述			
开挖直径	3530	mm	

项目	参数列表	单位	备注
刀盘转速	0－8.5－14.5	r/min	
最大推进速度	100	mm/min	
最大推力	8970	kN	
整机总长	约35	m	
主机总长	约7	m	
总重（主机＋后配套）	约250	t	
装机功率	1452	kW	
整机最小水平转弯半径	30	m	
纵向爬坡能力	±5	%	

2. 刀盘

项目	参数列表	单位	备注
刀盘规格（直径×长度）	φ3530×1527	mm	
旋转方向	正/反		正/反
分块数量和方式	1	块	
结构总重	30	t	含滚刀
主要结构件材质	Q345D		
中心滚刀数量/直径	6/φ432（17"）	把/mm	
单刃滚刀数量/直径	20/φ432（17"）	把/mm	
滚刀额定载荷	25	t	
滚刀安装方式	背装刀		
铲斗数量	4		
喷嘴安装位置/数量	刀盘面板/6	/个	

3. 主驱动

项目	参数列表	单位	备注
驱动型式	电驱		
驱动组数量	3	组	
驱动总功率	900	kW	
最大转速	0－8.5－14.5	r/min	
额定扭矩	1040	kN·m	
脱困扭矩	1388	kN·m	

续表

项目	参数列表	单位	备注
主轴承直径	2550	mm	
主轴承寿命	＞10 000	h	
密封形式	唇形密封		
内唇形密封数量	3	道	
外唇形密封数量	3	道	
4. 盾体			
前盾规格（直径×长度×厚度）	3400×2888×30	mm	
支撑盾规格（直径×长度×厚度）	3400×3640×40	mm	
5. 推进系统			
推进行程	1000	mm	
最大推进速度	100	mm/min	
油缸数量	8	个	
其中带行程传感器油缸数量	8	个	
最大工作压力	35	MPa	
最大推力	897	t	
6. 撑靴系统			
撑靴油缸数量	4	个	
总的有效撑靴力	25 360（350bar）	kN	
最大接地比压	5	MPa	
液压油缸类型/品牌	恒立		
7. 主机皮带运输机			
带宽	500	mm	
皮带规格型号	EP200/4		
传送带长度	约 72	m	
运输速度	0～2.5	m/s	
装机功率	45	kW	
驱动类型	液驱		
出渣能力	270	t/h	

续表

项目	参数列表	单位	备注
8. 后配套拖车			
结构	滑靴＋设备桥		
拖拉油缸	2	个	
拖拉油缸腔径/杆径	$\phi 250/\phi 130$	mm	
滑车数量	4	个	
设备桥	1	个	
9. 液压系统			
名义工作压力	35	MPa	
过滤精度	10	μm	
10. 润滑系统			
油脂桶容量	60	L	
过滤精度	25	μm	
11. 电气系统			
工作区域的照明	≥200	lx	
应急照明能力	2	h	
12. 有害气体探测和报警系统			
规格型号	工业类型		
监测气体种类	CH_4、H_2S、CO、CO_2、O_2		
探测器数量	7		
13. 遇火报警和灭火系统			
移动灭火器布置位置	约每10	m	
自动灭火器安装范围	液压泵站，主控制柜		
14. 电视监视系统			
摄像头数量	7	个	
监测器数量	1	个	
硬盘容量	500	GB	
通信设备	5	台	
通信点数量	7	个	

续表

项目	参数列表	单位	备注
15. 除尘系统			
除尘器数量	1	台	
类型	湿式		
过滤装置精度	0.5	μm	
16. 供水系统			
水温	25	℃	
用水口布置	约每 20	m	
排水管数量/直径	1/DN80		
排水泵类型	潜水泵		
17. 空气压缩系统			
压缩空气出口	约每 20	m	
压缩机数量	1	个	
压缩机总容量	12.5	m^3	
最大压力	0.8	MPa	
储风罐容量	1	m^3	
18. 储风罐			
能力	2	t	
数量	1	个	
19. 装机功率			
总装机功率	1266.5	kW	
刀盘驱动功率	900	kW	
液压系统功率	110.5	kW	
除尘风机功率	18.5	kW	
空气压缩机功率	45	kW	
供水系统功率	7.5	kW	
照明功率	5	kW	
插座箱功率	80	kW	
其他设备功率（预留供电容量）	100	kW	

5.4.3.2　TBM 整机设计

开挖直径为 3.5m 的敞开式 TBM 从刀盘向后依次为主机、后配套，包括开挖系统、推进系统、物料运输系统、轨线延伸系统、通风除尘系统、供排水系统、照明系统等，整机全长约 35m。

1. TBM 主机

TBM 主机全长约 7m，区域包括刀盘、主驱动、盾体、推进油缸、撑靴、主机皮带机等，主机区域负责 TBM 开挖、开挖方向的调整执行、设备的支撑推进、刀盘渣料的运输传导等，为 TBM 核心区域。TBM 主机如图 5-103 所示。

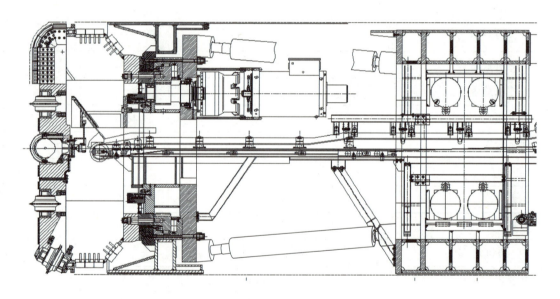

图 5-103　TBM 主机图

2. TBM 后配套

TBM 后配套全长为 28m，区域包括高压变压器配电设备、控制柜、空气压缩系统、污水箱、供水管延伸系统等，后配套区域负责 TBM 高压变压器配电、弱电控制、混凝土输送、空气压缩、供排水、一次风筒延伸等，为 TBM 服务机构。TBM 后配套如图 5-104 所示。

图 5-104　TBM 后配套

5.4.4　TBM 变径适应性分析

TBM 的开挖直径为 3.5m，在采用 TBM 原主驱动、支撑推进系统主要部件的基础上，综合考虑轴承、刀盘驱动、支撑推进系统能力，目前 TBM 改造开挖直径范围为 3.5~3.9m；增大开挖直径需要改造的部件主要有刀盘、盾体、撑靴、后支撑、钢拱架及锚杆钻机。

5.4.5　TBM 施工规划

根据 TBM 最小转弯半径以及连续掘进的要求，拟将厂房排水廊道布置形式由原分层布置调整为整体螺旋布置，并在排水廊道底部与自流排水洞相连。优化后的厂房排水廊道三维图如图 5-105 所示。

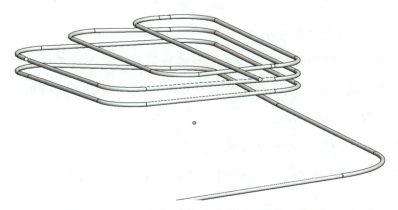

图 5-105　优化后的厂房排水廊道三维图

优化后厂房排水廊道在上层与通风兼安全洞相交，在中层与进厂交通洞相交，排水廊道施工至进厂交通洞处之前，供风、供电、供水设施布置在组装洞室处，施工至进厂交通洞处之后，供风、供电、供水设施移装至进厂交通洞的排水廊道内，既可以提高 TBM 掘进时的通风、排水、出渣效率，又能满足排水廊道后期运行需要。

5.4.5.1 线路规划

根据现场施工条件，TBM 分两种始发掘进方案。

1. 方案一

TBM 部件从通风兼安全洞运送进场，在通风兼安全洞与上层排水廊道交叉位置附近，沿通风兼安全洞曲线位置开挖 TBM 组装洞室进行 TBM 组装、调试作业，并步进至始发洞室后进行掘进，TBM 沿排水廊道洞室轴线（满足 30m 转弯半径）掘进，并在适当位置下坡（坡度控制在 3%以内）沿螺旋状依次开挖中层排水廊道，至下层排水廊道，因为自流排水洞与下层排水廊道相通，在自流排水洞未提前开挖的情况下，可沿自流排水洞开挖至山体外，在自流排水洞洞口进行拆机。

2. 方案二

TBM 在自流排水洞洞外进行 TBM 组装、调试，步进至始发洞室后进行掘进，TBM 沿自流排水洞入下层排水廊道洞室轴线（满足 30m 转弯半径）掘进，并在适当位置上坡（坡度控制在 3%以内），沿螺旋状轴线依次开挖中层排水廊道，至上层排水廊道与通风兼安全洞交叉位置钻爆开挖的接收洞室进行拆机，TBM 部件从通风兼安全洞运送出山体。

具体施工线路应结合现场施工条件选择，无论是从上到下还是从下往上的掘进方式，坡度控制在 3%以内，皮带机结合梭式矿车的出渣方式可满足施工需求。

5.4.5.2 现场规划

1. TBM 布置

TBM 在始发洞室布置供风、供电及照明设施。供风方式采用独头压入式通风，在隧道洞口设置轴流风机提供风压，将新鲜空气由风管输送至隧道掌子面处，洞内污浊空气经隧道洞身排出。掌子面的污浊空气流出隧洞的同时带走洞内的粉尘、有害气体，改善工作环境。供风风带布置于洞室顶部，供水、供电、照明线路集中布置在洞室一侧。

隧洞断面管线布置如图 5－106 所示。

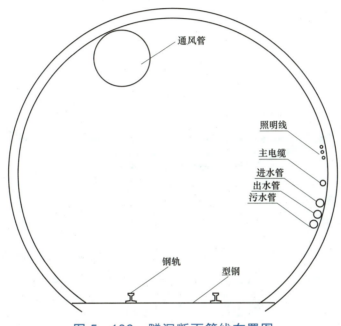

图 5－106　隧洞断面管线布置图

（1）TBM 主电源由洞外 10kV 引入 TBM 变压器供电。TBM 设备本身施工照明用电在正常情况下是使用高压电源经变压器降压至 220V 的电源。

（2）主洞内的照明采用三相五线制，每 10m 布置一盏 65W 节能灯，在 TBM 专用的 10kV 电缆上安装 T 形高压接头，照明线支架安装在掘进方向右侧拱腰部位，洞内布设 3 根 ϕ100 水管，供水由的钢管从洞外供给 TBM 后配套供水系统，出水管连接到循环水箱，污水用污水箱的水泵经污水管排出洞外。

（3）施工期采用压入式供风设备，风管采用 ϕ600 的拉链式软风管。TBM 施工通风计划在始发洞口提供风机接口，后期排水廊道施工至进厂交通洞后，将风机移至进厂交通洞与排水廊道相交处，后续 TBM 设备供风改为由此处引接，缩短供风管道长度，提高供风效率。

（4）风管、供水管、污水管水、高压电缆延伸利用 TBM 自身的卷筒延伸，供水管、污水管每 40m 延伸一次，风管每 40m 延伸一次，高压电缆每 400m 延伸一次。

2. TBM 施工出渣及运输

TBM 掘进过程切削的岩渣从刀盘溜渣槽进入刀盘中心的主机皮带机输送到后配套后面的梭式矿车内，梭式矿车通过牵引机车牵引到洞外的翻渣台翻渣。

（1）洞内运输轨线布置：运输采用单线有轨运输，轨距为 900mm，采用 38kg/m 钢轨，轨道用螺栓固定在 H150 的型钢上，如图 5－107 所示。

图 5－107　轨道铺设示意图

（2）运输编组：列车编组满足 TBM 连续掘进和最高掘进的出渣及洞内材料的供应要求，其编组方式为 2 节平板车＋1 节机车＋1 节渣车。钢轨、轨枕、供排水管等材料根据需要由编组材料车运送，主要以机车＋渣车的方式为主，每天根据施工具体情况机动安排，编组数量一般为 2 组。

（3）洞外运输设备：

1）材料、机具倒运设备轨排利用 40t 门吊吊装卸车，材料车编组用 2 台机车编组。

2）渣土二次倒运由装载机卸入自卸汽车内，然后运输到指定弃渣场。

组装洞室布置如图 5－108 所示。

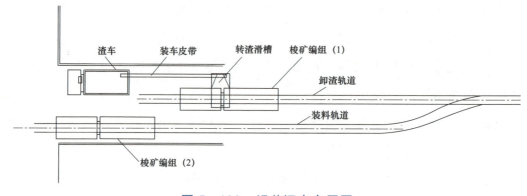

图 5－108　组装洞室布置图

3）车辆集中调度。在隧洞内根据施工需要设置调度室，调度室采用集中调度方式，调度员在隧洞内根据每趟列车在线路上所处的位置，指挥每个道岔列车进站、出站，可有效防止列车碰撞事故的发生，保证生产安全，提高运输效率，同时为了保证行车的安全，每列车设置一名调车员。

3. 不良地质处理

TBM 掘进对围岩扰动小，Ⅱ、Ⅲ类围岩段可以选择不支护或先掘进后支护的方案，Ⅳ、Ⅴ类围岩段，根据现场地质情况，系统锚杆和挂网喷护随隧洞开挖施工及时跟进实施，必要时增加钢筋格栅或钢拱架支护。

5.4.6　施工组织设计

5.4.6.1　TBM 组装人员

TBM 组装由设备制造单位提供技术指导和现场技术支持，施工单位提供专业技术人员及劳动力支持。TBM 组装期间将针对 TBM 组装的特点按照每天三班作业模式，组织专业技术人员和劳动力组成 TBM 组装队伍。TBM 组装人员配置如表 5－20 所示。

表 5－20　　　　　　　　　TBM 组装人员配置表

班组	人员配备	备注
技术组	专家 1 人	
机械组	技术人员 3 人	3 班作业
	技术工人 30 人	
液压组	技术人员 1 人	3 班作业
	技术工人 6 人	
电气组	技术人员 1 人	3 班作业
	技术工人 6 人	
保障组	10 人	其中含总调度 1 名，调度 3 名
安全员	3 人	3 班作业
合计	61 人	

5.4.6.2　TBM 组装设备

TBM 最大不可拆卸件质量约为 35t，综合上述因素选用 1 台 2×20t 门吊。TBM 组装配置见表 5−21。

表 5−21　　　　　　　　　　　TBM 组 装 配 置 表

序号	设备名称	规格	数量	备注
1	门吊	2×20t	1 台	
2	叉车	5t	1 台	
3	空气压缩机	0.8～1.0MPa	2 台	
4	直流电焊机	MIG 300A～500A	2 台	配 CO_2 保护焊用具
5	焊机	SMAW 400A、500A	4 台	
6	风动扳手	系列	4 套	
7	手持式打磨机		10	备耗材
8	固定式打磨机		1	
9	手电钻	手持式	2	
10	磁力钻		1	配钻头
11	对讲机	手持式	8 对	
12	切割锯		1 台	
13	高压水清洗机		1 台	
14	液压扭矩扳手		1	
15	液压张紧扳手		1	
16	卷扬机	5t	1	

5.4.6.3　TBM 组装方案

工程选用 ϕ 3.5m 的敞开式 TBM 施工，该 TBM 由主机、前盾、支撑盾及后配套拖车组成。TBM 主机由刀盘、主驱动机头架组成，主机长约 3m；前盾、支撑盾长约 5m，每节滑车长约 4m；后配套长约 11m，整机长为 37m。

组装场地布置：TBM 始发洞直径为 3.6m，长为 7m。

TBM 始发洞组装，场地尺寸为 33m×7.5m×9m（长×宽×高）如图 5-109 所示。

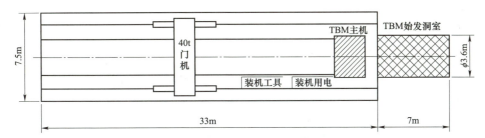

图 5-109　组装场地平面图

门吊底部宽为 5.5m（外轮廓），上部宽为 5.6m（外轮廓），高为 8m（外轮廓）。门吊轮廓如图 5-110 所示。

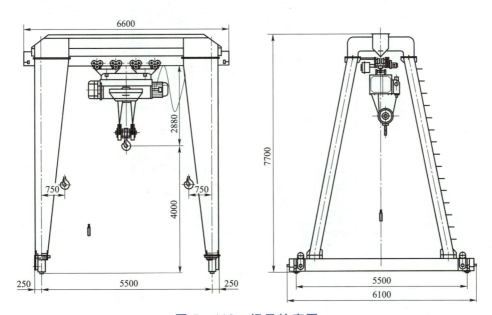

图 5-110　门吊轮廓图

设备组装件摆放要遵循以下几点：

（1）由于 TBM 组装洞空间受限，TBM 组件运输及组装采取从前至后逐步运输，安装摆放。

（2）当全部大件进入装配洞以后，按前盾、支撑盾、刀盘至后配套的顺序进行摆放。

（3）后配套与主机结构件全部完成后开始布置局部管线，再布置整体。

5.4.6.4　TBM 组装工艺

1. 组装工艺流程

按照组装顺序依次对各部件进行安装，注意安装顺序，特别是刀盘和前盾、前盾与支撑盾的安装，其组装工艺流程如图 5−111 所示。

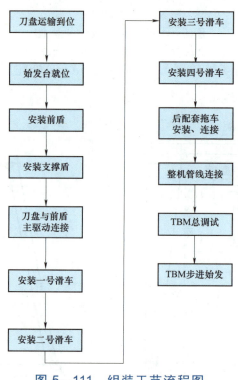

图 5−111　组装工艺流程图

2. 各部位组装控制要点

TBM 组装要根据图纸要求拧紧所有的紧固件（螺栓紧固前涂抹螺纹紧固胶乐泰 243），并按照设定扭矩进行紧固，检查液压管件是否漏油。

（1）前盾与主驱动（如图 5−112 所示）安装：在完成前盾翻转后，需注意前盾螺栓（除外部一排螺栓）的连接都需要人员在主机内部作业，因此对吊装精度及安全性有极高的要求。其方法如下：

1）安装时再次检查所有机加工部位是否清洁，特别是润滑油通道部位，确保已清理干净。将润滑的口盖好，或者使用管带进行覆盖。

2）确认所有的润滑口已标示完成，并核对图纸确认。在润滑口核实前不允许进行任何工序，以防止润滑口在装配过程中被堵塞。在确定润滑口标注准确，并采取防护措施之后，将前盾平放，背面朝下，用 200mm 的枕木垫在底下抬离地面。

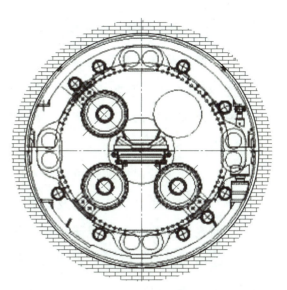

图 5－112　前盾和主驱动

3）利用方木作为衬垫，进行前盾由横向往纵向进行翻转，由于洞内有 2×20t 门吊，所以在翻转时由 2 个电动葫芦进行抬吊，在抬吊的过程中应按照相应的吊装规范和制度进行，并由设备工程师、安全员严格控制现场，以保证翻转工作正常有序进行，翻转前先用相应的钢丝绳进行吊点固定，翻转采用逐步翻转法，首先用一个电动葫芦进行提升，当提升至一定高度时，再用另一个电动葫芦提升，进行翻转。

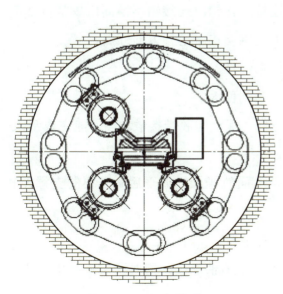

图 5－113　支撑盾

4）翻转完成后进行前盾起吊、移动和安放，将前盾吊装至安装位置固定，由于前盾前后受力分布不均，可提前焊接 H 型钢进行加固，以防止偏倒。

（2）支撑盾（如图 5－113 所示）安装方法如下。

1）彻底地清理所有的孔和加工面并除去毛刺、锈迹，用清洗剂进行清洁，以防生锈。

2）在支撑盾吊装前先将其上推

进油缸，用两根吊带固定捆绑好，使其在吊装过程中不会左右晃动。

3）支撑盾翻身与前盾翻身方式一致，参照前盾翻身步骤。

（3）刀盘连接：刀盘与前盾的对接是吊装过程中安全性、工艺性要求最高的吊装作业，吊装完成后需要注意的是对刀盘及前盾焊接斜支撑，以分散前部受力。其具体方法如下：

1）刀盘进洞后根据现场位置将按照安装的位置摆放在主机洞前方。

2）刀盘吊起底部垫工字钢及钢板。

3）彻底清洗刀盘背面及连接面表面锈迹，并用柴油清洗干净。

4）起吊刀盘时，尽量保持水平，确认插入到两个部分中的定位销已经焊接到边块上。

5）安装结合面上所有的螺栓及垫片到螺纹孔中，使用乐泰242防松胶。

6）用工字钢及钢板垫在刀盘下半块底部，测量水平，所有的螺栓上扭矩，同时可卸载吊钩。

7）刀盘上下块的孔位十分精确。只有一个位置可以使所有的孔对正。因此，通过使用吊机或夹绳固定，插入一个圆棒到连接孔中；然后穿戴螺栓。

（4）皮带机安装。

1）安装皮带机前保证油缸已配焊完毕，要求对中。

2）逐节将皮带机架装入内凯，并连接连接销，连接销不得高出皮带机架。

3）上托辊架注意摆正安装，避免上托辊向皮带运行方向倾斜。

4）皮带安装完成后，张紧皮带并锁紧螺杆。

5）连接油缸的连接销，保证油缸能顺利伸缩。

6）注意调整清扫器刮刀的角度和方向，保证与胶带接触均匀，能完成刮渣。

（5）滑车安装。

1）提前铺设轨排，将一号滑车放至地面轨排上，调平后做必要的支撑使轨排保持平衡、稳定。

2）连接一号滑车与支撑盾之间的拖拉油缸。

3）依次起吊二号、三号、四号滑车进行销轴连接，同时安装连接滑车上部皮带架。

4）铺设轨道，连接后配套拖车。

（6）液压系统安装。

1）液压系统各种管路和元件众多，液压装置与连接机械安装不当，会造成偏磨、拉伤或折断；液压管路连接的紧度、中心重合度、曲率半径、管路长短及固定连接方式对管路的振动、扭动、漏油和进气等都有影响，高压时还可能发生管子破裂。

2）液压系统出现问题后，排除故障较为困难，所耗时间长短不一，难于估计。液压泵反转、液压阀进出油口错误接管、初设压力值不符合技术要求等人为失误，在安装时要尽可能避免，以便为后期的调试及 TBM 正常工作提供良好的条件。

3）液压系统在安装过程中，应注意以下原则：液压阀块、油管、滤清器等液压元件和管路在安装时必须做明确记号，软管布置应井然有序、分出层次。粗细油管分开；左右执行元件油路分开；主回路和控制油路分开；液压油路和润滑油路分开，便于将来拆卸或故障查找。管路过长时增设管卡子或绑带，将其牢固地固定于刚性支架上；管与管之间采用平行布置，尽量保持平顺，不得扭曲、拐急弯，不应使液压元件产生附加应力，以免运转时受力不均产生振动和噪声，甚至松脱。同时应注意远离设备的尖锐棱边，弯曲时应有足够的弯曲半径。

4）确保安装环境的清洁；严禁使用棉纱擦洗管接头和外露的阀平面，一旦纤维进入系统，往往堵塞阀类阻尼孔，后患无穷。

5）确保所有的堵头、管密封、塑料帽随着安装的进程逐步拆除。重要接头与堵头的连接螺纹，如有明显损伤或拧松堵头时，连接螺纹纹丝不动，接头却随之转动，说明螺纹副密封已受损伤，此时应将接头拧下废弃后换新。因此，在装配液压管接头时，最好用手轻轻试配，基本拧到位后，再用开口扳手拧紧，注意扭紧力矩不可过大，手感略紧即可，严禁猛力敲打。

6）液压系统在总装前，必须对所有液压元件、辅助件及管路进行清洗，并加以检验，尤其注意各接口是否遗漏密封件。对于首次使用的液压阀件、泵类、各种液压回转电动机、包括皮带输送机的胶辊等执行元件，安装前应注入适量的液压油，尤其是各轴承部位，应加入适量的润滑油，以免缺油运转造成元件烧损。溢流阀的调定压力不得超过液压系统允许的最高压力，检查各操纵阀、管路、管接头等是否有破损漏油的地方，检查液压装置及杆件机构是否运转灵活，确认一切正常后方可进行工作。系统中的测量仪表必须经过检验校对，以保证其准确性和可靠性。

7）系统安装完毕，往系统内加注液压油时，应进行多次过滤。油桶入地面泵站油箱，要经过滤油机过滤；地面泵站入大油箱，还需经过地面泵站滤油器过滤；主轴承润滑油路的注油也照此办理。高压系统发生微小或局部喷泄时，应立即卸荷检修，不得用手去检查或堵挡喷泄。拆检某系统及管路时，应确保系统内无高压，方可拆检。

5.4.6.5　TBM 调试

设备组装完成后，TBM 进入调试阶段，调试流程见图 5-120，设备调试的主要内容包括外观检查、功能测试、技术性能测试和调整等。主要调试内容：液压系统、润滑系统、冷却系统、配电系统、材料运输系统等分系统调试以及整机联动功能调试，各种管路、仪表的校正，使设备各系统功能齐全、运转正常。调试流程图如图 5-114 所示。

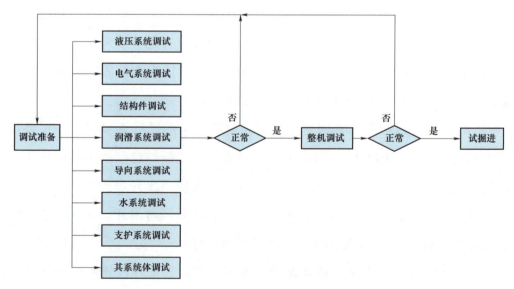

图 5-114　调试流程图

调试应分阶段、有步骤地进行。首先对后配套工作平台上的液压系统、电气系统及与主机系统连接架等进行全面的检验，经检查后进行设备的调试工作，调试工作包括所有的运行系统。设备调试由 TBM 专业技术人员在现场进行操作，操作注意事项如下：

（1）调试前，要对设备安装的完整性和安全性等进行检查，确保调试安全、顺利进行。

（2）调试主要是设备操作性能、可靠性能、安全性能等，以便对 TBM 掘进施工起到指导作用。

（3）在调试过程中，应配备检修工具、必要的配件和备件，详细记录各系统的运行参数，与设计参数相比较。

（4）调试过程中，参加调试的机械技术人员和随机操作人员需到岗到位，主动了解设备的技术状况、调试程序、操作控制方法等。调试过程中由专人负责记录调试过程的相关数据，并存档保管。

（5）调试过程中，必须按编制的设备测试功能表逐项进行测试，调试时应做好相应记录，数据超过标准值时，应查找原因，直至调试至所测数据达到规定范围内。

（6）调试结束后，仔细清点调试过程中使用的辅助器械，避免影响 TBM 掘进施工。

（7）必须确保设备的各项性能指标完全符合掘进机技术要求，在确认各设备安装无误，主控室的指令正确传输到各运动部件的条件下，方可开始掘进机的步进。

5.4.6.6　TBM 掘进

1. TBM 步进准备工作

由于设备组装后需要步进约 8m，故设计长度为 7m 的弧形步进架，弧形步进架方便将刀盘、前盾、支撑盾放置在弧形步进架上，弧形步进架要求用 H150 型钢进行焊接，步进架底部距离地面 150mm 左右，以便 TBM 刀盘顺利步进滑行进入始发洞室。弧形步进架示意如图 5－115 所示。

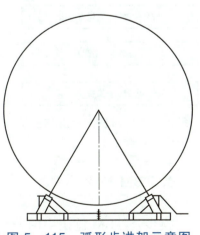

图 5－115　弧形步进架示意图

2. TBM 步进

TBM 步进是靠安装在步进架两侧的反力基座提供反力，由两侧步进油缸提供推力前进，安装位置如图 5-116 所示，具体操作顺序如下：

图 5-116　TBM 步进图

图 5-117　TBM 步进作业流程图

（1）在步进架两侧安装挡块，给 TBM 前行提供反力。

（2）在步进架两侧安装推进油缸，给 TBM 提供前进的推力。

（3）缓慢伸出推进油缸，使 TBM 主机向前滑行。

（4）当推进油缸伸出一个行程后收回推进油缸，反力基座前移安装。

（5）推进油缸、反力基座安装好之后，拖拉滑车、后配套。重复步骤（1）～（5），使 TBM 不断前进。TBM 步进作业流程如图 5-117 所示。

3. TBM 换步

换步是 TBM 施工中的一个重要环节，TBM 推进油缸伸出至最大行程后，必须进行换步操作收回油缸，将撑靴和拖车前移才能开始下一个循环的掘进。通过前盾垂直油缸使顶护盾与隧道拱顶贴紧产生摩擦，为收缩推进油缸前移支撑盾提供反作用力，推进油缸回缩一个行程，拖拉油缸拉动拖车跟随支撑盾前移来实现换步。

针对转弯半径 30m 的曲线段，换步过程中需要注意以下几点：

（1）单独操作左右侧油缸，使支撑盾的左右侧垂直于隧道中心线方向，有利于 TBM 掘进中的方向控制；同时增加撑靴与岩壁的接触面积，防止推进过程中撑靴打滑。

（2）根据导向系统上显示的 TBM 水平偏差趋势，控制左右油缸行程差保持与换步前一致，确保 TBM 姿态水平趋势沿隧道设计方向。

（3）确保 TBM 垂直姿态沿隧道设计纵坡方向，油缸上下行程差与换步前保持一致，减小刀盘的瞬间位移差。

（4）可单独操作奇偶数油缸调节滚动，防止滚动过大导致设备与隧洞壁发生碰撞。

5.4.6.7　TBM 拆机

1. 拆机部位

根据开挖线路确定拆机部位。从上往下掘进，在自流排水洞洞外拆机；从下往上掘进，在上层排水廊道与通风兼安全洞交叉位置钻爆开挖的接收洞室进行拆机。

2. 拆机流程

TBM 拆卸采用分步、分系统同步进行，TBM 拆机流程如图 5－118 所示。

排水廊道 TBM 拆机平面布置图需扩挖拆机洞室 20m×7.5m×9m（长×宽×高）。排水廊道 TBM 拆机洞室布置图如图 5－119 所示。

（1）刀盘、主驱动拆卸。当 TBM 刀盘进入吊机起吊范围时，将刀盘拆卸，平放至拆卸洞内，等主机的主驱动和其他部件拆卸后用汽车运输出洞。

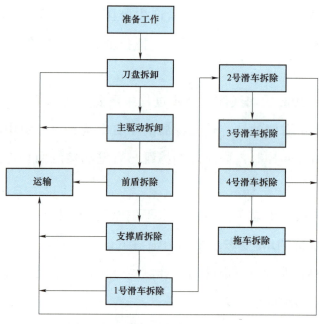

图 5-118　TBM 拆机流程图

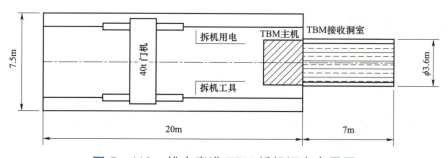

图 5-119　排水廊道 TBM 拆机洞室布置图

（2）滑车拆卸。TBM 主机全部到达拆卸洞后，将主机与滑车、后配套分离，利用拆卸洞内布置的桥吊将滑车按顺序拆解，拆机顺序按 TBM 结构顺序从前向后依次拆除。滑车上皮带用皮带卷筒收集，然后用载重汽车将滑车及其他分解后的部件运往指定地点。

（3）后配套拆卸。滑车拆解的同时，后配套同步进行管线的拆除。利用洞内门吊将拖车拆成小件后利用汽车运出洞外，运输至存放点。主机和拖车等大件利用拆卸洞安装的 40t 吊机拆卸。

5.4.7　施工进度分析

河南洛宁抽水蓄能电站排水廊道、自流排水洞埋深为 370～560m，洞室围岩为中等风化～新鲜斑状花岗岩，地质构造较简单，围岩工程地质类别以 Ⅱ～Ⅲ 类为主。根据河南洛宁抽水蓄能电站地质资料及洞室设计方案，排水廊道段转弯较多，月综合进尺按 200m/月考虑；自流排水洞洞线较直，运输效率相对较高，月综合进尺按 300m/月考虑。工期及月进尺见表 5-22。

表 5-22　　　　　　　工 期 及 月 进 尺 表

工作内容	进场及组装	自流排水洞	排水廊道	拆机及退场
掘进距离（m）	—	2235	2326	—
月进尺（m/月）	—	300	200	—
工期（个月）	1.5	7.5	11.5	1.5

由表 5-21 可知，自流排水洞及排水廊道施工总工期约为 22 个月。排水廊道采用钻爆法分 3 层开挖，预计用时总计 15 个月，自流排水洞采用钻爆法单向施工预计用时 27 个月，排水廊道、自流排水洞施工没有相互干扰或制约因素，具备条件可以同时施工，综合考虑采用 TBM 施工较钻爆法施工节约工期 5 个月。

5.4.8　TBM 施工经济分析

综合考虑 TBM 单次连续掘进距离、设备拆装次数、关键零部件使用寿命等因素，排水廊道 TBM 设备寿命期总运行公里数按 12km 进行考虑，为进一步降低 TBM 的施工成本，TBM 设备的制造成本拟在 12km 内摊销完成，河南洛宁抽水蓄能电站若采用 TBM 施工厂房排水廊道、自流排水洞，施工长度为 4430m，约摊销设备制造成本的 37%。TBM 施工费用除设备摊销费外，还包含辅助工程费用、耗材使用费、设备维护费等，辅助工程包括新开挖的组装洞室、拆机洞室、接收洞室等，耗材包括刀具消耗、钢轨、轨枕以及风、水、电耗材等，综合计算后与钻爆法比较，费用约是传统钻爆法 2.5 倍以上。

5.4.9　小结

抽水蓄能电站排水廊道、自流排水洞等小断面洞室应用 TBM 施工在技术上是可行的，设计单位需要对厂房分层设置的排水廊道及自流排水洞进行设计优化，统一厂房排水廊道、自流排水洞断面尺寸，调整洞径坡度，按照 TBM 的转弯能力进行设计，施工从上往下或从下往上螺旋掘进。TBM 设备厂家需要重点研究小洞径长距离施工时的通风、出渣、物料运输措施，保障设备掘进时的安全和效率。

TBM 施工与传统钻爆法相比，具有安全防护水平高、机械化程度高、施工质量好、安全文明施工程度高、环境扰动小等优点，在工期上也具有优势，以河南洛宁抽水蓄能电站为例，自流排水洞、排水廊道采用 TBM 施工较钻爆法施工节约工期 5 个月。

TBM 施工目前费用较高，未来随着设备制造成本的下降和在抽水蓄能电站的规模化应用，TBM 施工成本有望进一步降低。

5.5　调压竖井 SBM 应用研究

竖井掘进机（shaft boring machine，SBM）是掘进机技术的一种延伸，SBM 竖井掘进机设计以传统竖井施工技术为基础，结合隧洞掘进机技术、物料垂直提升技术提出全断面竖井掘进机设计理念，其采用刀盘开挖、刮板机清渣、斗式提升机提渣、储渣仓储渣，最终由吊桶装渣提升机提升出井等出渣方式。SBM 集成了开挖掘进、清渣、出渣、井壁支护、通风等系统。

竖井施工最常见的方式为普通凿井法施工，普通凿井法为传统的竖井施工方法，目前已经十分成熟，配套设备也已经定型，并成功应用于全国乃至全球的竖井施工中。但该工法配套设备集成度较低，对人员的依赖性大，人员工作环境差，并且施工效率目前已经难以再提高，这些因素限制了该工法的进一步发展。随着 TBM 隧洞掘进机施工技术的成熟，将隧洞掘进机技术引入竖井施工成为了可能，高效、安全的 SBM 施工有望成为未来竖井施工行业发展的方向。

5.5.1　引水调压室概况

河南洛宁抽水蓄能电站引水调压井布置在引水隧洞上平段末端，采用阻抗式调压室，大井高度为 92.0m，连接管长度为 116.863m。调压井为圆形，内径为 11.0m，采用钢筋混凝土衬砌，衬砌厚度为 0.8m，大井底板高程为 1169.00m，最低涌浪水位为 1172.02m，最高涌浪水位为 1255.8m，调压室顶部高程为 1260.00m。引水调压井底部阻抗孔直径为 4.0m，连接段管径与引水主洞管径相同（为 6.5m），衬砌厚度为 0.5m，阻抗孔口设置在大井和连接管相接处，阻抗孔底部高程为 1168.00m，顶部高程为 1169.00m。引水调压井平台高程为 1260.00m。

引水调压井三维展示如图 5－120 所示。

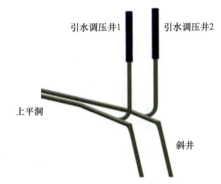

图 5－120　引水调压井三维展示图

5.5.2　SBM 施工洞室设计

5.5.2.1　原洞室设计方案

引水调压井深度为 196.17m，按 200m 考虑，上部大井开挖直径为 12.9m，成井净直径为 11m，开挖深度为 92m；下部小井开挖直径为 7.8m，成井净直径为 6.5m，开挖深度约为 104.17m，至引水调压井底部。

引水调压井剖面如图 5－121、图 5－122 所示。

5.5.2.2　SBM 施工引水调压井方案

根据引水调压井直径的最终成井尺寸（见图 5－123），引水调压井分两次施工完成。第一次从上至下开挖直径为 ϕ7.83m，衬砌后净尺寸为 6.5m，开挖方量为 48.13m³/m，待开挖完成后进行二次扩挖，采用爆破开挖等形式，完成上部大井直径 12.9m 的竖井施工，衬砌后净直径为 11m。

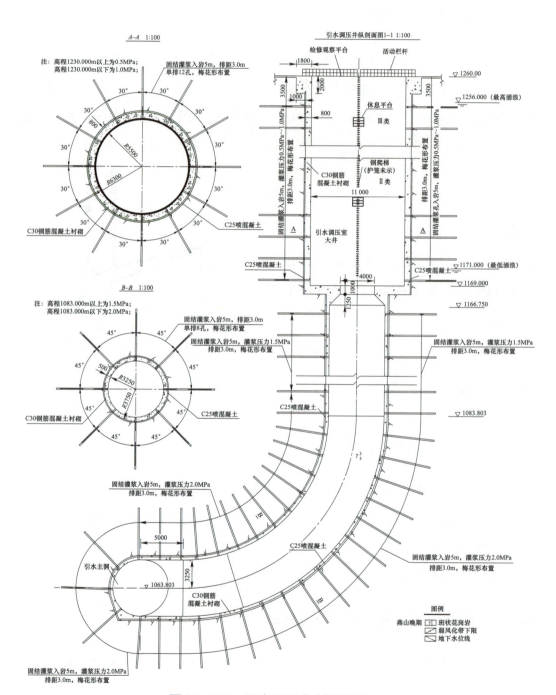

图 5-121　引水调压井剖面图 1-1

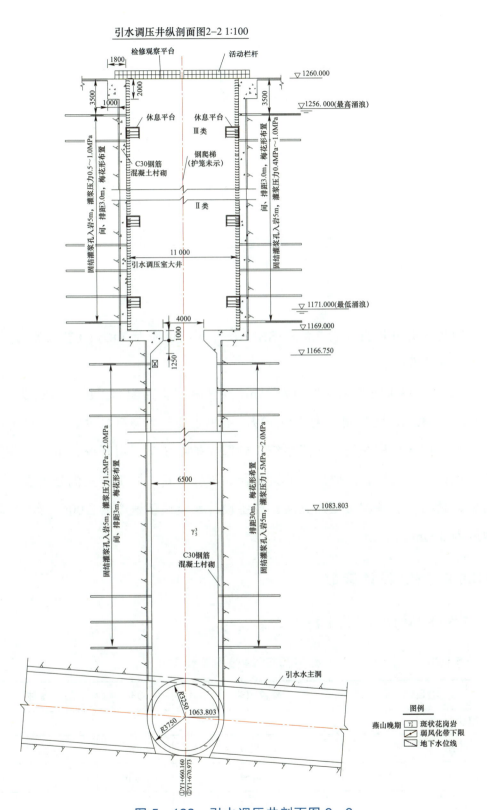

图 5-122 引水调压井剖面图 2-2

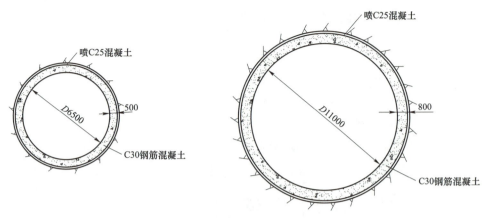

图 5－123　引水调压井直径的最终成井尺寸

5.5.3　SBM 装备设计

按照调压井开挖直径为 7.8m，SBM 设计开挖直径为 7.83m（新刀），进行竖井的开挖掘进作业。

SBM 竖井掘进机整机总长约为 35m，主机和吊盘后配套采用分体式设计，主机总重约为 420t，装机功率为 2795kW。主机主要分为刀盘、主驱动、稳定器、设备立柱、撑靴推进系统、出渣系统、砌壁支护系统，采用开挖、出渣、井壁衬砌同步设计，多层平台主要用于放置电器、流体设备，同工作主机分离设计，结构简单、紧凑，设备施工更加灵活。设备设计额定施工速度为 200m/月，最高施工速度为 300m/月。

5.5.3.1　SBM 设计参数

ϕ 7830 SBM 技术参数见表 5－23。

表 5－23　　　　　　　　ϕ 7830 SBM 技术参数表

项目	参数列表	单位	备注
1. 整机			
开挖直径	ϕ 7830	mm	新刀
刀盘转速	0～3.84～7.7	r/min	
主机高度	16.5	m	

项目	参数列表	单位	备注
主机质量	约 420	t	
吊盘质量	约 80	t	
装机功率	2795	kW	
最大不可分割部件质量	90	t	刀盘中心块（含刀具）
最大不可分割部件尺寸（长×宽×高）	5640×5640×3140	mm	刀盘中心块

2. 刀盘

项目	参数列表	单位	备注
刀盘规格（直径×高度）	ϕ 7830×3637	mm	
结构总重	约 130	t	
分块数量、行式与连接方式	9 块（8 个边块 + 中心块）/螺栓		

3. 刀具

项目	参数列表	单位	备注
中心刀数量/直径	8/432	个/mm	17 寸双刃滚刀
正滚刀数量/直径	28/432	个/mm	17 寸单刃滚刀
边滚刀数量/直径	10/432	个/mm	17 寸单刃滚刀

4. 清渣机构

项目	参数列表	单位	备注
清渣机数量	2	套	
装机功率	160	kW	
出渣能力	60	m³/h	

5. 稳定器

项目	参数列表	单位	备注
组成	8	件	圆周均布
抗扭能力	4000	kN·m	

6. 主驱动

项目	参数列表	单位	备注
驱动型式	变频驱动		
功率	6×250＝1500	kW	
额定扭矩	3725	kN·m	

续表

项目	参数列表	单位	备注
脱困扭矩	5580	kN·m	
主轴承直径（内径/外径）	ϕ3235/ϕ4200	mm	
7. 推进系统			
额定工作压力	35	MPa	
总推力（最大）	10 850	kN	
换步时间	≤5	min	
8. 撑靴系统			
靴板数量	4	个	
总的有效支撑力	28 410	kN	
9. 斗式提升机系统			
装机功率	160	kW	
出渣能力	110	m³/h	
10. 储渣仓			
体积容量	5	m³	
11. 液压、润滑系统			
液压泵站功率	出渣系统：491 推进系统：105 辅助系统：105 冷却系统：11	kW	
液压系统过滤精度	10	μm	
油箱容积	3200	L	
12. 电气系统			
变压器型式/油侵变压器	1600	kVA	
变压器防护等级	IP55		
初级电压	10	kV	
次级电压	690/400	kV	
13. 气体监测报警系统			
监测气体种类	CH_4、H_2S、O_2、CO_2		

项目	参数列表	单位	备注
14. 导向系统			
精度	0.008	m	
有效距离	200	m	
系统操作界面语言	中文		中/英
15. 数据采集和控制系统			
可显示的功能	SBM 必要的工作状态		
诊断功能包括的项目	通信、系统故障，主联锁条件		
可显示的故障	通信故障、系统故障等		
系统操作界面语言	中文		
16. 电视监视系统			
摄像机数量	20	个	
硬盘容量（并说明可存储记录时长）	1000	GB	
17. 通信设备			
通信点数量及布置	7		
18. 供排水系统			
整机需水量	50	m³/h	
给水水箱容量	8	m³	
污水水箱容量	4×2	m³	
排水泵数量	2	台	
排水泵排水量	30×2	m³/h	
19. 装机功率			
总装机功率	2795	kW	
刀盘驱动功率	1500	kW	
主轴承润滑功率	37	kW	
推进系统功率	75＋30	kW	

项目	参数列表	单位	备注
辅助系统功率	75 + 30	kW	
冷却系统功率	11	kW	
出渣系统功率	500	kW	
供水系统功率	37	kW	
污水泵功率	2 × 75	kW	
照明功率	10	kW	
插座箱功率	10	kW	
其他功率	330	kW	

5.5.3.2 SBM 整机设计

开挖直径为 7.83m 的 SBM 从下向上依次由主机、吊盘后配套组成，包括开挖系统、推进系统、物料提升系统、轨线延伸系统、监控系统、通风除尘系统、供排水系统、照明系统等，整机全长约为 35m。

SBM 竖井掘进机设计以传统竖井施工技术为基础，结合隧洞掘进机技术、物料垂直提升技术研制而成。设备采用刀盘开挖，利用链式刮板结构出渣，完成刀盘下部开挖面的清渣，通过斗式提升机转运，储渣仓储渣，最终由吊桶装渣，提升机提升出井；井壁支护可采用滑模现浇、喷锚支护等多种形式，完成井壁机械化快速施工。设备集成了开挖掘进系统，清渣、出渣系统，井壁支护系统，通风排水系统，液压系统，电气系统，消防系统等，实现竖井的机械化、自动化、集成化、工厂化施工。

SBM 整机如图 5−124 所示。

1. SBM 主机

SBM 主机全长约 16m，主机区域包括刀盘、主驱动、稳定器、撑靴推进系统、出渣系统等，根据地质情况选配喷浆机械手和锚杆钻机，主机区域负责竖井的开挖、开挖方向的调整执行、设备的支撑推进、刀盘破岩产生渣料的运输传导等功能，为 SBM 最为核心的区域。SBM 主机图如图 5-125 所示。

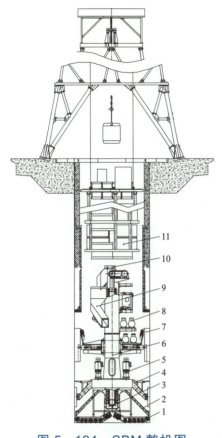

图 5-124　SBM 整机图

1—刀盘；2—刮板清渣机；3—垂直提升机；4—稳定器；
5—主驱动；6—设备立柱；7—撑靴推进系统；8—液压
泵站；9—储渣仓；10—导向系统；11—吊盘后配套系统

图 5-125　SBM 主机图

（1）SBM 刀盘。竖井刀盘不同于盾构 TBM 刀盘，其要求更高的地层适应性，既满足开挖刀具的安装、更换、互换的要求，也满足刀盘的清渣、集渣、减少刀盘、刀具磨损的要求，同时刀盘还进行了特殊的结构设计保护清渣装置，防止中心渣土堆积，造成中心泥饼的问题，同时，刀盘采用模块化分块设计，更换边块便能满足不同直径竖井的开挖。

（2）SBM 主驱动。主驱动提供刀盘破岩扭矩，传递推进加压力。主驱动是设备高效工作的关键，驱动设备结合刀盘直径、地层情况，进行参数设计，同时结合井下电器设备布置空间要求，设计主驱动额定扭矩为 3725kN·m，额定转速为 3.84r/min，总驱动功率为 1500kW。主驱动结构内部设计立柱连接盘、斗式提升机安装结构，驱动周边设计稳定器连接结构，主驱动设计简洁、方便安装，简化了设备整体设计。

（3）SBM 稳定器。稳定器为刀盘稳定装置，主要用于提供设备反扭矩、稳定刀盘，降低刀盘震动，控制设备掘进方向。通过螺栓同主驱动相连，稳定器提供的支撑力，作用于井壁，增加设备工作时的稳定性，上部设计走台，形成设备底部的工作平台，提供井壁支护的操作平台，同时平台易开启，以便进入刀盘区域，进行问题处理等。

（4）SBM 撑靴推进系统。撑靴推进系统位于主机的顶部，主要作用：撑紧井壁，产生摩擦力，提供推进反力；推进缸用于提供设备推进力，控制刀盘加压力；利用径向缸进行设备调向，控制设计掘进方向。

（5）SBM 出渣系统。SBM 出渣系统主要用于竖井渣土清理、转运及出井，该系统共包括三大部分：刀盘清渣装置、垂直提升装置、吊桶提升系统。三大部分进行接力共同完成渣土的出井工作。

系统出渣流程：刀盘清渣装置将渣土清理后，转运至斗式提升机的集渣仓内，之后由斗式提升机将渣土提升至设备上部，卸入临时渣仓内，等待吊桶提升出井。

2. SBM 吊盘后配套

多层吊盘位于掘进设备上部，吊盘采用型钢焊接而成，根据井筒布置在吊盘不同位置设计不同通道，吊盘共设计 6 层，由上至下为平台 1、平台 2、平台 3、平台 4、平台 5、平台 6 分别用于放置主机配套设备。

平台 1 为首层平台，主要用于连接稳绳，接入水、电、风等，同时平台上部还放置有高压变压器及高压进线柜等设备。平台整体位于设备最上方，对下部各层平台及设备起到保护作用。平台 2、平台 3、平台 4、平台 5 主要放置电器设备，同时用于井下管线延伸施工。平台 6 用于放置排水设备。各层平台相互独立又相互关联，构成设备的整套服务系统，为主机工作提供保障。

SBM 在电控方面设计原则为尽可能减少井下电器元件，能放置地面的设备尽可能放置地面。设备采用 10kV 高压送电，共设置 3 台变压器，1 台位于地面，用于稳车、风机等设备供电；2 台位于井下，用于设备供电，井下电缆通过稳车（凿井绞车）悬吊至井下变压器。

5.5.4　SBM 变径适应性分析

河南洛宁抽水蓄能电站拟采用 SBM 开挖直径为 7.83m，在采用 SBM 原主驱动、支撑推进系统主要部件的基础上，综合考虑轴承、刀盘驱动、支撑推进系统能力，目前 SBM 设计方案可改造应用于开挖直径为 7.58～8.23m 的洞室。增大开挖直径需要改造的部件主要有刀盘、稳定器、撑靴、吊盘后配套。

5.5.5　SBM 施工规划

5.5.5.1　施工线路规划

SBM 从引水调压井 1 或引水调压井 2 上部始发，从上至下开挖形成直径 ϕ 7.83m 的洞室，掘进时进行必要的喷混凝土支护。掘进完成后在洞体底部拆机吊装出洞，可转运至另一引水调压井的组装施工。SBM 拆除出洞后，采用钻爆法开挖，从上而下进行二次扩挖，完成上部大井直径为 12.9m 的竖井施工。

SBM 施工线路规划如图 5-126 所示。

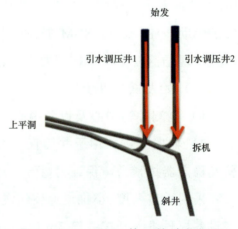

图 5-126　SBM 施工线路规划图

5.5.5.2　施工现场规划

1. SBM 始发试掘进

（1）SBM 始发试掘进的目的。采用 SBM 施工，掘进参数的选择非常重要。SBM 推进过程中，根据不同地质、埋深判断围岩的稳定性、可掘进性，及时调整掘进参数。通过试掘进可以达到以下目的：

1）试掘进段主要检验 SBM 液压系统、电器系统和辅助设备的工作情况，完成设备磨合。

2）试掘进期间，完成各个单项设备的功能测试，对各设备系统做进一步的调整，使其达到最佳状态，具备正式快速掘进的能力。

3）了解和认识本工程的地质条件，掌握根据地质情况调整 SBM 掘进参数的方法，为全程掘进提供参考依据。

4）理顺整个施工组织，在连续掘进的管理体系中抓住关键线路的控制工序，为以后的稳定高产奠定基础。

（2）SBM 始发试掘进组织。SBM 组装调试完成，开始试掘进施工。SBM 试掘进前期由 SBM 设备制造单位示范操作并负责对施工单位完成培训；后期由施工单位负责操作，SBM 制造商负责技术指导。

施工单位根据正常施工的工班组织配备人员，在 SBM 制造单位示范操作时，SBM 技术人员与操作人员充分学习各项设备的正确操作与维护管理，同时完成正常的辅助作业。之后 SBM 技术人员和操作人可员进行独立操作时，设备厂家技术人员现场监督指导，按照要求进行操作运行，以保证设备正常投入运行。

（3）始发试掘进步骤。

1）复测井筒中心及设备中心。

2）始发掘进。由于井筒直径大于刀盘开挖直径，在掘进前期，适当加大撑靴及稳定器撑紧力，保证刀盘开挖过程不发生偏斜。

采用小贯入度、小推进速度缓慢掘进，贯入度设定在 2mm，转速设定为 4r/min，待设备撑靴进入开挖井筒 3m 后，调整掘进参数，恢复正常掘进。

3）由于调压井上部大井成井后净直径为 11m，深度为 92m，所以 SBM 掘进至 92m 以前，对稳定岩层采取不支护处理，对局部不稳地层采取临时喷锚支护处理，待达到大井设计深度后，继续掘进至井底。

2. SBM 正常掘进

SBM 主要施工工序为掘进、出渣、换步、支护、风水管线延伸等工作，具体施工如下：

（1）掘进、出渣同步施工。该工序操作位于地面主控室内，控制设备掘进，掘进前首先检测设备姿态是否正确，保证设备处于垂直状态，如设备不垂直，偏差大于 10mm，则通过撑靴及稳定器进行调整，保证方向垂直。之后撑紧撑靴、撑紧稳定器，启动垂直斗提机、刮板清渣装置，之后启动刀盘，准备掘进施工。掘进施工需要根据地层，寻找合适的转速及贯入度，设备的最大掘进行程为 1.2m，因此设备每 1.2m 需要换步一次。

（2）换步：换步时需要增加稳定器的撑紧力，同时刀盘停转，将设备放置在地面上，到设备放置稳定后，收拢撑靴，之后控制推进缸，将撑靴下移，完成换步，下移完成后，重新撑紧撑靴，确认撑紧后，降低稳定器撑紧力，检测设备姿态后重新启动刀盘，进行下循环掘进，设备换步时间按照 5min 计算。每次设备掘进 4m，综合计算需要掘进 4 次，换步 3 次，共耗时 4.25h。

（3）支护：掘进工序完成后，进行井壁支护，需要支护班人员下井，进行模板的倒运、脱模、立模、浇筑，整个工序共需要 4.4h，考虑各工序动作转换 30min，共需要约 5h 完成 4m 井壁浇筑。

（4）风水管线延伸：每掘进 6m 后，对管线进行延伸，需要延长的管线有风管、供水管、排水管、溜灰管、压风管（采用轻质材料），其中风管、供水管、排水管、压风管为井壁固定，需要将管道利用提升机输送至井下吊盘进行安装，改工序耗时 1h。

由此，计算所有工序单行作业，每天工序要 10.2h，两个循环共需要约 20.3h，剩余约 3.6h，可定为设备维护及施工问题处理时间。按此计算设备的利用率为 35.4%。

依次每天两个循环，8m 的进尺，每月按 25 天计算，可完成 200m 的进度。

3. SBM 出渣

采用三级出渣方式，结合链式开沟机、链斗式挖掘机等技术，创新采用链式刮板技术解决井底清渣、运渣，采用斗式提升机提渣，另外设计储渣仓，消除吊桶无法连续出渣的影响，提高整机出渣效率，实现竖井掘进机同步高效出渣，提高施工效率。

4. SBM 通风与排水

SBM 掘进采用压入式通风，风机安装在井口，风管沿井壁布置，通过锚杆固定在井壁之上，将新鲜风输送至井下，满足井下生产、人员的需要。

SBM 竖井掘进需要供水系统，供水主要用于设备清理、刀盘降温、抑尘等作用，施工供水管路沿井壁布置，通过锚杆固定在井壁上，必要时兼做注浆管路，进行井下注浆。

设计 2 级排水系统，主机段排水采用一级渣浆泵，将地下水泵送至多层吊盘的污水箱，污水箱设计容积为 8m³。污水经过 2 级污水泵，直接排出井筒。2 级污水泵设计为 2 台，单台泵送流量为 30m³/h，扬程为 300m，排水泵安装在污水箱下方，排水管沿井壁布置，通过锚杆固定在井壁上，排水管采用 $\phi 100 \times 10mm$ 无缝钢管，另外地面备用一部 50m³/h 吊泵，作为应急泵使用，紧急情况通过主提升机下放至井下，进行应急排水。

5. SBM 供电

井筒掘砌期间，在井筒附近建施工变电站，站内安装 YKBS-10 型移动式开闭所 2 台，ZXB-630×2/10-6 型移动变电站一台，自附近 10kV 变电所敷设两路 YJV-3×95/10kV 电缆至开闭所作为主电源进线（一路运行、一路备用），提升机采用双回路供电。井下吊盘上安装变压器满足井下施工需要，从开闭所引出 120mm² 的高压电缆入井到吊盘的变压器，井下变压器输出电压 690V 和 380V，为竖井掘进机的主电机及水泵等供电，工程施工总装机容量为井上 3000kW、井下 2795kW，同时运行最大负荷约为 5000kW。

6. SBM 导向

（1）SBM 导向原理。SBM 导向系统采用传统竖井测井技术结合光电传感技术设计而成。在井筒中心设计一套垂线装置，用于提供井筒中心同设备的标定基准，在设备中心设置激光靶，设备撑靴平台设置倾角仪。通过两束激光发射器、激光靶，采用图像定位算法得出滚动角，采用倾角仪测得掘进方向两个轴上的偏转角度，达到设备导向的目的。

（2）SBM 姿态调整方法。由于掘进机在掘进过程中受地层软硬不均、施工误差等多种因素影响，设备会出现掘进偏转的现象，即设备中心轴线与井筒设计轴线不重合，产生夹角。当发现设备偏转时，按以下方法进行操作：确认设备中心线相对于设计轴线偏转的方向，将设备偏转方向反侧的撑靴靴板和稳定器护盾收回，将设备偏转方向侧的撑靴靴板和稳定器护盾继续伸出，油缸作用提供反推力，反推力将设备中心轴线调整至与井筒设计轴线重合，即可进行后续正常施工。当发现设备在圆周方向上发生滚转后，收回撑靴和稳定器，启动刀盘，由于整机摩擦阻力大于刀盘上方所有结构件转动的摩擦阻力，刀盘不动，其余结构会产生反转，缓慢转回原有位置，即完成滚转姿态纠正。

7. SBM 扩挖上部大井

洛宁抽水蓄能电站引水调压井先使用 SBM 自上向下一次性完成直径 7.8m 竖井的开挖，设备拆机出井后，使用钻爆法对上部进行人工扩挖，使洞室最终尺寸达到设计图纸要求，完成引水调压井的施工。

5.5.6　施工组织设计

5.5.6.1　SBM 组装场地要求

1. 道路运输要求

SBM 为大型施工设备，运输前需进行道路勘察，并进行必要的道路改造，以满足结构件的运输要求。进场便道主要满足设备进场，后期可用于出渣和材料供应，其施工便道标准如下：

（1）最小转弯半径：大于 10m。

（2）路面宽度：大于 5m，通过直线段扫空区域大于 7.5m，通过曲线段扫空区域大于 10m。

（3）净空高度：大于 4.5m。

（4）车辆行驶路面：单位面积路面承载力大于3t。

（5）坡度：小于8%。

（6）便桥通过能力：承载桥梁通行的重力荷载要求不小于汽车–15级、挂车–100，路面宽度大于4.5m，净空宽度大于7.5m。

（7）由于结构件最大块不可分割件限制，最大件外形尺寸宽度为5.6m，涵洞或隧洞需要满足通行净宽要求。

河南洛宁抽水蓄能电站7号公路，起点接2号公路，终点接引水调压室，线路全长为1.619km。公路设计标准为水电场内三级，设计时速为20km/h，路基宽度为5.0m，路面宽度为4.0m，道路最大纵坡为9%，无桥涵，路面结构采用水泥混凝土，为新建永久场内交通道路，最小转弯半径为35m。隧洞建筑限界为5.5m×4.5m，隧洞内最大纵坡为±7%，设计时速为20km/h。隧洞最小转弯半径为70m。调压室顶部平台高程为1260m，场地面积约为90m×30m，满足SBM场地组装条件。

引水调压室竖井SBM设备运输条件受限，为了匹配调压室竖井采用SBM施工，7号公路隧洞段受TBM最大件外形尺寸为5.5m×4.5m限制，需重新调整设计方案。

2. 组装场地要求

SBM施工需要配置传统凿井法所用V形井架1台，提升机房为两个，井架基础承载力需达到500t，每平方米承载力需大于5t/m²。需要提前进行竖井锁口及井架基础施工，竖井锁口需要采用挖掘机、风稿等设备进行人工开挖，浇筑锁口及井架基础，锁口需按工程设计图纸施工，井口地面硬化。锁口施工时需预留4个设备组装吊点，4个吊点承载力需大于200t，即每个吊点50t的承载力。

在井架基础施工完成，强度达到要求后，进行井架组装，井架组装需要50t起重机1台，最大起吊高度为33m，最大起到质量为3.5t，采用井口拼装方式，由井架底部逐步向上拼接，至井架组装完成。

SBM实现掘进的基本条件是整机各部件需组装完成，因此，组装场地需满足组装完成SBM主机和后配套，设备的存储、绞车的安装控件等，并留有一定余量，且底板现浇钢筋混凝土需满足 SBM 组装要求。

SBM 竖井施工必要的临建工程包括提升机房、井架基础、搅拌站、钢筋加工区、空气压缩机站、风机房、物料储存区、场地硬化等。受场地因素制约，临建工程占地最少需要场地约 80m×25m，包含进场道路及物料转运道路。

SBM 竖井施工场地临建布置图如图 5-127 所示。

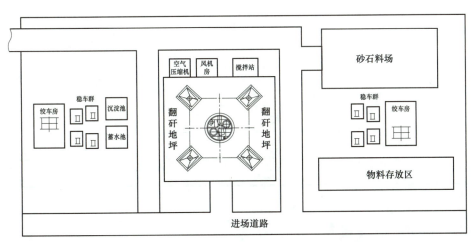

图 5-127　SBM 竖井施工场地临建布置图

SBM 设备最大不可拆卸件为刀盘（刀盘总重为 132t），结合起吊安全系数，组装场地选用 200t 起吊能力的汽车吊 1 台。

SBM 组装需要修建始发井，始发井深度应超过表土层厚度，采用分体始发时，始发井组装深度需大于或等于 13m。从始发井底往上 13m，为组装空间，采用现浇支护，净直径为 8200mm，确保竖井掘进机单边间隙为 200mm，以便设备组装。始发井采用挖掘机、风镐等设备进行开挖，提升机、吊桶出渣，锁口到底板利用模板砌壁。

5.5.6.2　SBM 组装人员

SBM 组装由设备制造单位提供技术指导和现场技术支持，施工单位提供专业技术人员及劳动力支持。SBM 组装期间将针对 SBM 组装的特点按照每天 3 班作业模式，组织专业技术人员和劳动力组成 SBM 组装队伍。SBM 组装人员配置如表 5-24 所示。

表 5-24   SBM 组装人员配置表

班组	人员配备	备注
技术组	专家 5 人	
机械组	技术人员 6 人	3 班作业
	技术工人 21 人	
液压组	技术人员 6 人	3 班作业
	技术工人 9 人	
电气组	技术人员 6 人	3 班作业
	技术工人 9 人	
保障组	10 人	其中含总调度 1 名，调度 3 名
安全员	3 人	3 班作业
合计	75 人	

5.5.6.3 SBM 组装设备

SBM 除了设备自身配置的随机工具外，现场组装及掘进过程中还需要配置专业的组装机械或施工设备，以满足正常组装机施工需求。SBM 组装主要机械设备如表 5-25 所示。

表 5-25   SBM 组装主要机械设备表

序号	设备名称		型号规格	单位	数量	备注
1	提升	井架	V 形凿井井架	座	1	
		绞车	JKZ-3.2/18	台	1	1250kW
			JKZ-2.8/15.5	台	1	1000kW
		吊桶	5m³	个	3	备用 1 个
			3m³	个	2	
2	稳车		JZ-25/800	台	6	
			JZA-5/800	台	1	安全梯
			JZ-10/600	台	1	动力电缆

续表

序号	设备名称	型号规格	单位	数量	备注
3	装载机	ZL-50	台	1	
4	汽车	10t	辆	1	自卸式
5	扇风机	FBD-No8	台	2	2×45kW，1台运行、1台备用
6	卧泵	DC50-80×4	台	2	备用1台
7	封口盘	ϕ6.8m	套	1	
8	压风机	GA250型	台	2	
9	模板	ϕ6800m	套	2	
10	挖机	CX-75	台	1	
11	喷浆机	PZ-5	台	2	
12	风钻	YT-28	部	20	
13	风镐	G20	部	10	
14	振动棒	ϕ50~ϕ100	个	12	
15	液压钻机	ZDY1900	台	1	
16	照明变压器	36V　10kVA	台	1	
17	注浆泵	2TGZ-60/210	台	1	
18	柴油发电机	GF150、GF250	台	2	备用电源各1台
19	掘进机	SBM7830	台	1	
20	提升天轮	ϕ3000	个	2	1、2号提升机
21	悬吊天轮	ϕ1050	个	8	
22		ϕ650	个	8	
23	提升钩头	13t	个	2	
24	搅拌机	JS1500	台	1	
25	配料机	PLD1600	台	1	
26	叉车	13t	台	1	
27	汽车吊	200t	台	1	
28	汽车吊	50t	台	1	
29	直流电焊机	315A	台	2	
30	升降台	16m	台	1	

5.5.6.4　SBM 组装流程

SBM 组装流程如图 5–128 所示。

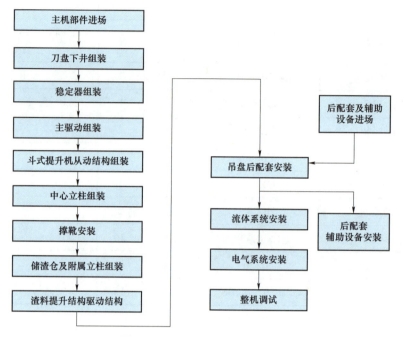

图 5–128　SBM 组装流程

SBM 组装分为两部分进行：主机段组装、吊盘后配套组装、电气、液压流体系统组装等，先组装主机段，再安装多层平台。主机段总重约 420t，多层平台重 65t。SBM 主要大件重量表见表 5–26。

表 5–26　　　　　　　　　　　SBM 主要大件重量表

序号	名称	外形尺寸	重量（t）	数量（台/套）	备注
1	刀盘中心块	5600mm × 5600mm × 3636mm	90	1	含刀具
2	稳定器	ϕ 7830mm × 2810mm	48	1	
3	主驱动	ϕ 4610mm × 3333mm	70	1	
4	中心立柱二及附属结构	ϕ 4400mm × 7000mm	35	1	
5	撑靴靴板	4000mm × 2915mm × 3450mm	23	4	

1. 主机段组装

始发井掘砌完成后，拆除吊盘、临时封口盘，在锁口布置钢梁和重型钢轨，准备主机段下放。利用 200t 汽车吊将设备大件吊卸在井口房外，利用平移梁、载重小车、手拉葫芦等将其平移至井口，利用稳车或提升机将设备吊运至井下。其中刀盘中心块、主驱动利用 4 台 25t 稳车吊放入井，中心立柱利用 2 台 25t 稳车吊放，撑靴靴板利用单台 25t 稳车吊放。其他设备零件利用提升机下井。

主机段采用由下至上的组装顺序，在井下完成组装工作，组装顺序为刀盘—稳定器—主驱动—稳定器平台—斗式提升机—设备立柱—撑靴推进系统—中心立柱二及附属结构，结构组装完成后进行液压、电器管线连接。

（1）步骤一：刀盘边块入井后按顺序放置于井底周边，待刀盘中心块入井后，完成块与块之间的连接，并安装刀盘内置清渣装置，刀盘附件安装完成后，刀盘组装完成。刀盘安装如图 5-129 所示。

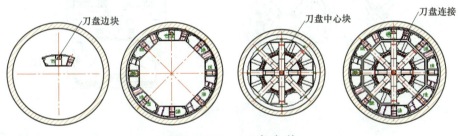

图 5-129　刀盘安装

（2）步骤二：稳定器整体入井后，主驱动入井，主驱动与刀盘连接完成后，将稳定器整体提起与主驱动连接，完成稳定器、主驱动、刀盘三者相连。主驱动安装如图 5-130 所示。

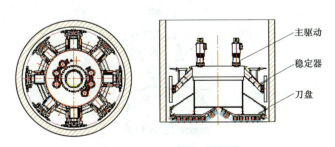

图 5-130　主驱动安装

（3）步骤三：安装稳定器平台、安装斗式提升机下部从动结构。

（4）步骤四：安装主中心立柱，主中心立柱与主驱动相连。主中心立柱安装如图5-131所示。

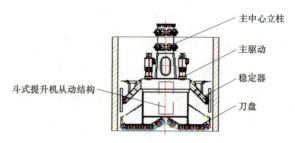

图 5-131　主中心立柱安装

（5）步骤五：安装撑靴结构，安装撑靴平台及平台泵站，安装撑靴撑紧油缸及中心缸。撑靴安装如图5-132所示。

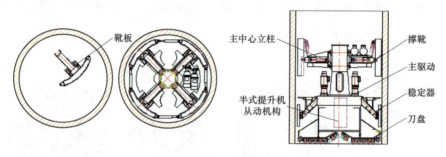

图 5-132　撑靴安装

（6）步骤六：安装附属结构，包含斗式提升机驱动结构、液压泵站、储渣仓等结构。附属结构安装如图5-133所示。

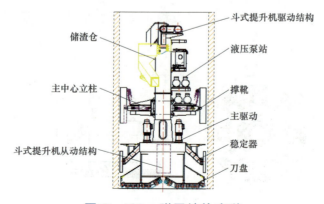

图 5-133　附属结构安装

（7）步骤七：连接斗式提升机链条，安装出渣渣斗。

（8）步骤八：主机管路连接。

2. 吊盘后配套组装

由于主机高度为 16.3m，吊盘平台高度约为 19m，所以始发井最小深度 13m 不满足吊盘入井空间，可先将吊盘平台放置于井口，管路连接完毕，设备调试完成后，SBM 正式掘进，待掘进深度满足吊盘平台入井需要深度后，再分层组装吊盘后配套。组装顺序为平台 6 及上部设备 – 平台 5 及上部设备 – 平台 4 及上部设备 – 平台 3 及上部设备 – 平台 2 及上部设备 – 平台 1 及上部设备，组装完成后，连接电缆、稳绳、风水管线等。由于井架二平台高度约为 10m，吊盘平台高度约为 19.4m，吊盘平台采用分层法安装，在井口设置承重梁，每层平台安装时放置于承重梁上，每安装一层平台，同时布置该层设备。采用逐层下放法，组装第 6 层平台时，第 6 层平台置于承重梁上，第 6 层平台组装完成后组装第 5 层平台，然后下放一层，第 5 层平台放置于承重梁上，依次类推，最终完成全部平台的组装和下放入井。

5.5.6.5　SBM 调试

SBM 组装的同时，需要对掘进机各个系统及整机进行调试，以确保整机在无负载情况下正常运行。调试过程可先分系统进行，再对整机运行进行测试。测试过程中应详细记录各系统运行参数，及时分析解决发现的问题。掘进机的分系统可分为液压系统、电气系统、润滑系统、导向系统、供排水系统等。SBM 调试流程如图 5–134 所示。

SBM 调试主要分为组织确认、电气系统调试、液压系统调试等步骤，各分系统调试完成后再进行整机调试，以保证设备运行正常，状态良好。

组装确认：主要是检查设计组装是否正确，确认供电线路、液压管路是否连接正确、可靠。

电气系统设备的调试内容可分为电路检查、分项用电设备空载检查、分项用电设备加载时的检查、各设备急停按钮的检查、控制系统的检查等。

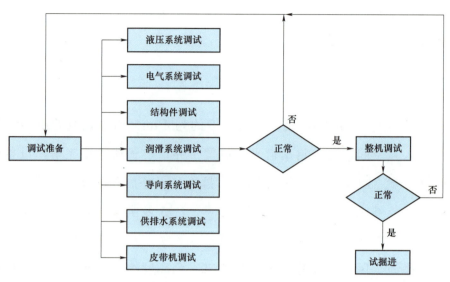

图 5 – 134　SBM 调试流程

液压系统设备的调试内容可分为空载和加载时泵和液压管路的调试、加载时执行机构的运行情况。步进系统的调试在主机安装完成后进行，主要分为液压泵站负载运行时的状态和步进机械结构运转情况。其余各分系统调试根据组装和步进程序组织实施。各系统运转情况正常后再进行整机的空载调试。

整机调试过程中，应派专门技术人员负责详细记录各系统的运转参数，作为今后的掘进参考依据，发现问题及时记录、分析解决。

5.5.6.6　拆机

井筒落底后，进行掘进机拆除。拆除前需对刀盘区域进行扩挖，以方便刀盘之间的分块出井，扩挖直径与组装所需始发井直径相同，扩挖完成后拆除各设备间油管、电缆等，再拆除多层平台和模板，然后拆除主机段，最后拆除井口溜槽、天轮平台及凿井井架，拆机顺序与 SBM 组装顺序相反，一一起吊回洞口场地。

（1）吊盘后配套拆除顺序：一层平台 – 二层平台 – 三层平台 – 四层平台 – 五层平台 – 六层平台。

（2）主机拆除顺序：中心立柱二及附属结构 – 撑靴 – 主中心立柱 – 主驱动 – 稳定器 – 刀盘。

5.5.7　SBM 施工常见重点、难点分析

1. 硬岩破岩应对措施

SBM 通过刀盘结构高强度、高耐久性设计；采用合理滚刀间距设计，专门应对高岩石强度，破岩能力强；关键部件（主轴承、驱动电动机、减速机、液压/润滑泵和电动机、液压油缸、控制系统等）高可靠性配置等措施，可实现连续硬岩高效破岩。

2. 岩性变化

竖井施工不同于隧洞施工，竖井可能需要穿越多种地层，从上到下依次为浅层表土、风化沙层、卵石砾石、完整基岩。故竖井施工前需要进行提前地质勘探，针对性对 SBM 进行选配设计。

3. 过地层破碎带

地层遇地质构造时，围岩易破碎，此时 SBM 撑靴处可能无法提供有效的支撑力。可以在稳定器平台上对围岩进行锚网喷临时支护，撑靴处若出现片帮，可在该处井帮进行背板，衬平至设计开挖轮廓的尺寸。

4. 过含水层的钻探

刀盘结构中有很多通过孔，可以在稳定器平台上固定钻机，通过这些孔口在井筒周边进行探水孔施工。人员可以借助刀盘的空间在工作面开展打钻、注浆的辅助工作。

如果需要进行工作面预注浆，则模板下部的非支护段可能会出现跑浆现象，除采取加长注浆孔口管、挂锚网喷混凝土支护等手段，尚需进行深入研究。

5. 工作面岩石遇水泥化

若岩石遇水泥化，可能出现糊刀盘现象。此时可采用压力水进行冲洗，严重

的采用风镐处理。

6. 已成井壁漏水

可以在模板上方的吊盘处进行壁后注浆。

5.5.8　施工进度分析

5.5.8.1　综合进度分析

SBM 是用于竖井开凿施工的专业化设备，设备自身集成施工过程中所有功能，将竖井施工推向工厂化施工时代。SBM 可开挖直径为 8m，深为 1000m 的竖井，设备配置两部清渣装置，两部提升机配 $5m^3$ 或 $7m^3$ 吊桶。

1. 掘进能力

SBM 驱动功率为 1500kW，刀盘转速为 4.3r/min，额定贯入度为 4.5mm，由此推算，设备的掘进速度为 $4.3 \times 4.5 \times 60 = 1.161$（m/h）。以纯掘进速度考虑，设备每天工作 16h，每月工作 25 天，按 1.1m/h 的掘进速度考虑，每天的进尺为 17.6m，每月最高进度为 440m。

2. 出渣能力

按照竖井开挖直径为 8.03m 考虑，开挖 1000m 深达到时，吊桶平均运行速度为 6m/s，1000m 深需要 166.7s，吊桶装渣时间为 30s，吊桶倒渣时间为 60s，一个吊桶运行循环为 $166.7 \times 2 + 30 + 60 = 7$（min），每小时可完成 8 个循环，吊桶容积为 $5m^3$，考虑填充系数 0.9，每小时每部吊桶可完成 $35m^3$ 渣土运输，两部提升机可完成 $70m^3/h$ 的渣土运输。单以提升机能力计算，每天工作 12h 用于出渣，可完成 9.7m 施工需求，可实现 240m/月的掘进能力。

3. 衬砌能力

以现浇井壁能力考虑掘进速度。井壁现浇采用 2 套整体钢模板，每次浇筑 4m，壁厚为 500m。主要工序为物料准备、钢筋绑扎、脱模、立模、混凝土浇筑。该工序施工计划 6 人完成，物料准备、钢筋绑扎 6h，脱模、立模时间为 2h，混凝土浇筑时间为 6h，拆堵头板等混凝土凝固至设计强度 10h，合计 24h 完成 8m 井壁的浇筑，每月 25 天时间可完成 200m 竖井施工。

4. 综合掘进能力

以上为 SBM 单共需施工时间及相应月施工速度，SBM 开挖、出渣、支护各工序平行作业，根据以上分析，SBM 施工效率主要受到井壁支护效率的限制，采用现浇井壁，由于受到井壁等强时间的影响，综合施工效率为 200m/月。SBM 在通过不良地质，如断层、破碎带地层时，受到围岩支护、注浆封堵等工序的影响，不良地质段综合施工效率为 100m/月。

5.5.8.2　施工工期对比

针对引水调压竖井大井与小井进行对比研究。

1. 钻爆法

上部大井开挖直径为 12.9m，成井净直径为 11m，开挖深度为 92m；下部小井开挖直径为 7.8m，成井净直径为 6.5m，深度为 92m。两个工作面同时开挖，使用爆破法施工准备期 2 个月＋正洞开挖 11 月＝13 个月。

2. SBM 法

按 SBM 法施工竖井隧洞，考虑综合因素下，月进尺可达 200m 左右。采用 SBM 开挖完成后，上部大井采用钻爆法扩挖，然后转场开挖另一条竖井，施工准备 1 个月＋组装调试 4 个月＋正洞开挖 3 个月＋上部扩挖 2 个月＝10 个月（设备拆机可以与上部扩挖同时进行，设备拆机约 1 个月，不占用直线工期），竖井计划工期见表 5-27，采用 SBM 施工，工期节省 3 个月。

表 5-27　　　　　　　　　　　　竖 井 计 划 工 期

序号	项目	单位	工程量	计划工期（月）	计划工作月											备注
					1	2	3	4	5	6	7	8	9	10	11	
1	施工准备	项	1	1	▬											
2	组装调试	项	2	4		▬	▬			▬	▬					1、2 号竖井
3	SBM 掘进、支护	m	200×2	3				▬	▬			▬	▬			1、2 号竖井
4	SBM 洞内拆卸	项	2	1						▬			▬			1、2 号竖井
5	上部大井扩挖	m	92	2						▬				▬		1、2 号竖井

5.5.9　SBM 经济性分析

综合考虑 SBM 单次连续掘进距离、设备的拆装次数、关键零部件使用寿命等因素，该台 SBM 设备寿命期总运行公里数按 12km 进行考虑。洛宁抽水蓄能电站若采用 SBM 施工引水调压井，长度为 392m（1、2 号竖井）。TBM 施工费用除设备摊销费外，还包含辅助工程费用、耗材使用费、设备维护费等，辅助工程包括新开挖的组装洞室、拆机洞室、接收洞室等，耗材包括刀具消耗、钢轨、轨枕，以及风、水、电耗材等，综合计算后与钻爆法比较，费用约是传统钻爆法 2 倍以上。

5.5.10　小结

SBM 施工竖井在矿业有成功应用案例，抽水蓄能电站引水调压井施工方法与矿业相似，采用 SBM 施工在技术上是可行的。SBM 可以实现掘进、出渣一体化作业，避免人工运渣的安全风险，在施工自动化水平、作业环境方面等有较大优势。由于抽水蓄能电站引水调压井、尾水调压井等长度较短，未能充分发挥 SBM 设备的掘进优势。

第 6 章

TBM 推广应用需要研究解决的问题

抽水蓄能电站地下洞室群主要包括输水发电系统及其辅助洞室,具有洞径差异大、单洞长度短、转弯多、纵坡变化大等特点。排水廊道、自流排水洞等小断面隧洞洞径为 2.5～3.5m,进厂交通洞、通风兼安全洞等大断面隧洞洞径为 7.5～9m,引水隧洞(包括平洞和斜井)洞径为 6.5～8m。既有平洞,也有 50°以上陡倾角斜井或竖井,断面有城门洞形、马蹄形、圆形等形状。这些特点带来了 TBM 法制造难度大、摊销成本高等问题,制约了 TBM 在单个抽水蓄能电站中的应用。TBM 施工若在抽水蓄能电站推广应用,需依靠抽水蓄能电站群建设,协调项目建设单位、设计单位、TBM 制造厂家、施工单位共同研究,开展抽水蓄能电站标准化设计,统一断面尺寸,TBM 适应性研制等,总的来说需要解决以下几个问题:

1. TBM 装备适应性研制

TBM 装备需提高对抽水蓄能电站地质条件的适应性,根据抽水蓄能电站地下洞室的转弯半径、长度、断面尺寸、纵坡等关键参数进行针对性研发,打破常规 TBM 选型方案,研发一种适用于抽水蓄能工程的新型 TBM,研究缩短 TBM 主机和后配套长度,减小 TBM 设备的转弯半径,提升 TBM 设备对抽水蓄能电站的适应性。强化抽水蓄能电站群 TBM 应用的关键共性技术问题研究,包括提高 TBM 装备对不同地质条件的适应性,不良地质洞段围岩稳定性超前预判、监控预警及相应处置方案或预案,积极推进渣料综合利用模式和方式、施工废污水高效处理等通用技术研究。开展 TBM 设备通用化设计,主要部件尽量采取模块化设计,进一步降低设备制造成本，同时开展变径技术研究，设备研制时提前预留变径位置，方便设备后期改造，进一步提升设备的通用性和适应性。

2. 地下洞室群标准化设计

目前存在各抽水蓄能电站同类洞室洞径大小不一、单个电站洞室施工长度短等因素，极大地制约了 TBM 施工在抽水蓄能电站的推广应用。因此，系统性开展抽水蓄能电站群 TBM 施工洞室的标准化设计工作，统筹协调通风兼安全洞、进厂交通洞、输水系统、排水廊道、自流排水洞等洞室拐弯半径、断面尺寸、纵坡等关键指标参数的标准化设置，以满足洞室结构设计对 TBM 设备应用的适用性。

3. 质量验评与评价标准

采用 TBM 开挖成型质量较高，不存在超欠挖，但考虑设备作业空间、施工程序、切削工艺、成型后断面效果等与传统钻爆法差异较大，洞室开挖、锚杆支护等施工质量的验评方式和方法需要进一步明确，可借鉴铁路、水利及其他行业相关资料，结合水电工程特点和现行基于传统钻爆法的一整套验评规程，提出具有可操作性的质量评价与验收要求，梳理出适用于抽水蓄能电站的 TBM 开挖、支护质量评价方法、验收标准等。

4. 依托项目试点应用

目前大断面 TBM 和斜井 TBM 在国内抽水蓄能电站还没有工程应用实例，建议依托部分抽水蓄能电站开展 TBM 施工工法应用，深化细化大断面平洞 TBM 和斜井 TBM 设备设计和制造关键技术研究，在试点应用过程中不断总结施工技术和优化改进设备，提高 TBM 设备对抽水蓄能电站的适应性，形成完整的管理和施工技术体系，设备主要技术成熟后可以在其他抽水蓄能电站进行推广应用。持续开展小断面 TBM 设备的优化改进，推进抽水蓄能电站洞室 TBM 设备序列化和施工工艺的优化固化。

5. TBM 商业模式研究

商业模式创新旨在推动业主、设计、设备厂家、施工单位等各主体形成更为紧密且效率更高的利益共享机制和激励机制，从而实现更高水平的优势互补和效率提升，从全产业链、全流程、全要素角度推进效率提升和成本下降。TBM 设备耗资较大且回收周期长，采用合理的经营模式，可以降低设备制造及施工成本，有利于 TBM 项目的推广应用。抽水蓄能电站 TBM 施工的经营方式，纵观市场上现有的施工机械设备配置方式，结合抽水蓄能电站建设实际，目前存在建设单位提供设备、建设单位融资租赁设备、承包人自备设备和 TBM 施工部位单独打捆专业招标等四种模式，各种经营模式均有优缺点，需要业主、施工单位、设备制造厂家根据实际情况去选择。

第7章

结　　语

7.1　TBM 在抽水蓄能电站地下洞室应用的优势

TBM 是目前最先进的硬岩地下洞室开挖施工设备，可实现连续掘进和远程控制，能同时完成破岩、出渣和支护等作业，相较于钻爆法具有安全、环保、劳动力需求量少、自动化程度高、无爆破振动、对围岩扰动小、衬砌量少等优点。TBM 作为一种先进的施工方法，可以推动抽水蓄能电站施工机械化进程，提升我国抽水蓄能建设水平，同时抽水蓄能电站自身的特点（如转弯半径小、坡度大等）也给 TBM 设备制造厂家带来新的挑战和发展机遇，有利于 TBM 设备厂家设计制造水平的提升，对进一步提升我国 TBM 的设计生产制造能力，带动 TBM 行业上下游产业链高质量发展具有重要意义。TBM 在抽水蓄能电站的应用优势主要体现在以下几个方面：

1. 施工安全风险低

抽水蓄能电站地下洞室目前主要采用钻爆法施工，每个工作面每天大约可以开展两个循环作业，每个循环约需 0.3t 炸药（以 7.8mm × 7.5mm 的城门型洞室为例），一个工作面每月约需 18t 炸药。抽水蓄能电站具有庞大的地下洞室，一般需要多个作业面共同作业，大量的爆破作业需要统筹解决火工品运输、存放、管控、起爆等各环节的安全问题，每个环节均有较大安全风险。TBM 施工较钻爆法减少了爆破作业和火工品管理风险，设备可以远程操控，洞内作业人员需求量减少，大幅降低洞内施工安全风险。

2. 施工质量优

传统钻爆法利用装入钻孔中的炸药爆炸时产生的冲击波及爆炸物做功来破碎岩体，爆破质量控制难度大，经常出现超欠挖现象，影响洞室的开挖质量。TBM法采用硬岩滚刀刀具实现对掌子面的滚压破岩，开挖平整度高、偏差小、质量好，较钻爆法可减少超挖回填混凝土工程量，同时对隧洞围岩扰动较小，有利于工程质量的提升。

3. 作业环境好

TBM施工现场布置整齐规范，设备本身具有除尘功能，通风散烟较好，可极大改善洞内作业环境，保障作业人员身心健康，提升现场安全文明施工水平。钻爆法施工需要凿岩台车、装渣车、运渣车等一系列多台次车辆往返使用，洞内尾气、油污排放容易超标，易对作业人员身心健康造成影响。相比钻爆法施工，TBM施工可以通过远程操控减少洞室作业人员数量，同时 TBM 掘进产生的噪声和振动几乎不会对周边环境造成影响，能够满足节能减排要求，且正朝向零排放、低噪声的环保目标发展。

4. 工期优势持续凸显

TBM开挖、出渣、支护等作业流程可以同步开展，实现"工厂化"施工，配合长距离连续皮带机技术可以实现连续掘进，极大地提高了隧洞的开挖效率。TBM施工速度快、受外界干扰小，利于工期控制，以河南洛宁抽水蓄能电站为例，通风兼安全洞利用 TBM 施工，可提前开始地下厂房顶拱开挖，缩短直线工期约4.7 个月，引水斜井采用 TBM 施工，可以节约 4.3 个月工期，排水廊道、自流排水洞采用 TBM 施工可节约 5 个月工期，其他抽水蓄能电站若隧洞长度更长，则TBM 施工在工期上的优势更大。依托抽水蓄能电站群，根据不同洞径大小，研制出多台 TBM 设备配套使用，工期优势将进一步提升，节约的工期可以实现提前发电，有利于降低工程建设利息，提前回收电站建设成本。

5. 智能化、信息化程度高

钻爆法施工钻孔的深度、角度、间距等参数均受工人熟练度影响，施工过程信息化、智能化内容几乎没有。TBM 已将物联网、云存储、云计算、人工智能、机器学习等技术融入 TBM 装备中，大力推动 TBM 向智能化方向发展，目前已实现 TBM 施工的导向、掘进、预警等功能的智能化，并正在构建 TBM 掘进过程信息化、智能化整体技术架构，研究开发 TBM 掘进过程多工序智能决策系统，推动 TBM 掘进智能化水平进一步提升。下一步，TBM 设备制造厂家需要结合抽水蓄能电站实际情况，研究提出更适用于抽水蓄能电站 TBM 掘进施工的智能感知技术，包括但不限于超前勘探、地质预警、刀盘信息反馈、围岩变形监测等。

7.2　TBM 在抽水蓄能领域的发展前景

以抽水蓄能为代表的能源领域智能化机械化转型升级既代表能源技术创新的大方向、大趋势，也是贯彻落实新发展理念的必然要求，与国家电网有限公司"建设具有中国特色国际领先的能源互联网企业"的战略目标高度契合。推进 TBM 在抽水蓄能电站群的应用是实现能源领域智能化、机械化转型升级的关键举措和重要抓手，而且总体上具有突出的先天优势。一方面，通过抽水蓄能电站群的规模效应可解决 TBM 的经济可行性问题；另一方面，抽水蓄能电站建设高度重视地下厂房洞室群的围岩地质条件勘察，站址选择一般避开了 TBM 施工尚难以有效应对的强岩爆、大规模突水突泥、大范围软岩大变形等不良地质条件，也就是说 TBM 应用于抽水蓄能电站地下洞室群施工的地质条件适宜性总体上较好，基本解决了技术可行性问题。这使得推进抽水蓄能电站群 TBM 应用有望成为实现能源领域智能化、机械化转型升级战略目标的难得的"首战之地"，具有"以重要领域和关键环节的突破带动全局"的重要意义和关键作用。

党的十八大以来，党中央反复强调高度重视和正确处理生态文明建设问题，提出一系列新理念、新思想、新战略，环境污染治理力度之大、制度出台频率之密、监督执法力度之严前所未有。习总书记在 2020 年联合国生物多样性峰会上进一步强调"人与自然是命运共同体，要站在对人类文明负责的高度，尊重自然、顺应自然、保护自然，探索人与自然和谐共生之路，促进经济发展与生态保护协调统一"，生态文明理念目前已深入人心，全面推动绿色发展、提高环境治理水平是目前各行业努力的方向。钻爆法施工产生的粉尘、噪声等污染不利于环境保护和生态文明建设。同时，随着我国人口老龄化的发展，未来我国劳动力数量和质量将继续呈下降趋势，钻爆法施工存在的作业环境差、安全风险大、劳动强度大等特点更加剧从事水电施工行业的工人数量大幅减少，未来水电工程建设工人数量减少或不足有可能成为常态，工程建设进度和质量将更加不可控。在此背景下，开展 TBM 在抽水蓄能电站施工应用研究具有前瞻性，对我国抽水蓄能电站安全健康可持续发展和施工机械化水平提升具有重要意义。

通过前面章节的研究，抽水蓄能电站进厂交通洞、通风兼安全洞、引水斜井、排水廊道、自流排水洞、引水调压井等洞室在现有条件基础上通过设计优化、设备研发即具备应用 TBM 施工的条件。对比传统的钻爆法施工，TBM 施工机械化水平大幅提高，工期保证率增加，同时还提升了隧洞施工安全质量本质水平，并在工程提前发电获得效益方面也颇具优势。TBM 施工在抽水蓄能的研究应用既丰富扩展了 TBM 的应用领域，也带动了 TBM 制造业上下游的发展，有助于我国 TBM 制造业设计制造能力的提高，有利于我国抽水蓄能和 TBM 制造业的共同进步。

在 TBM 施工经济性方面，根据目前建筑市场的物资、劳动力价格水平和水电工程建设管理模式分析，在单个抽水蓄能电站应用 TBM 工程投资增加是必然的，但考虑我国抽水蓄能电站的发展趋势、管理模式和 TBM 施工的优势，未来在抽水蓄能电站群的统一规划、统一设计、统一协调下，不断摸索 TBM 设备的经营模式，做好 TBM 施工费用在多个工程项目的分摊工作，施工成本将会进一步降低。同时随着 TBM 施工在抽水蓄能领域应用技术的成熟和市场的规模化应用，未来 TBM 制造成本有望进一步降低。

为更好更快地在抽水蓄能电站推广应用 TBM 施工，工程建设单位应认清形势，树立信心，积极推广以 TBM 施工为代表的新技术在抽水蓄能电站建设中的应用。设计单位在现有工程设计的基础上，统一行动、开阔思路，从建筑物的布置、结构形式、断面尺寸、工程预算等方面进行综合全面的考虑，为 TBM 施工在抽水蓄能电站更多更广地应用做好各项工作。TBM 设备研发制造厂家应把握已经和即将开始的 TBM 在抽水蓄能电站中应用的实践机会，不断总结设备应用过程中的经验教训，不断改进和完善设备自身和应用方面的不足，提高我国抽水蓄能地下工程 TBM 相关设备的类比和质量，为 TBM 在抽水蓄能领域中的应用创造有利条件，推动我国 TBM 制造业和抽水蓄能行业共同高质量发展。

参 考 文 献

[1] 李富春，吴朝月．抽水蓄能电站 TBM 施工技术［M］．北京：中国电力出版社，2018．

[2] 陈馈．TBM 设计与施工［M］．北京：人民交通出版社，2018．

[3] 李建斌．TBM 应对不良地质处置作业指南［M］．北京：人民交通出版社，2019．

[4] 李建斌．TBM 构造与应用［M］．北京：人民交通出版社，2019．

[5] 石小庆．TBM 在引水工程隧洞开挖中的应用［J］．四川水泥，2020（07）：175．

[6] 田彦朝，贺飞，张啸．敞开式 TBM 护盾半径适应性设计［J］．浙江大学学报（工学版），2019，53（12）：2280－2288．

[7] 徐艳群，尚海龙，刘传军．斜井隧道掘进机在抽水蓄能电站施工中的应用［J］．水电与抽水蓄能，2019，5（05）：98－101．

[8] 姜桥，高海杰．兰州水源地双护盾 TBM 应对不良地质技术［J］．工程机械与维修，2018（04）：132－134．

[9] 张军，李守巨，宁忠立，等．抽水蓄能电站引水斜井开挖采用 TBM 施工的研究［J］．水电与抽水蓄能，2018，4（02）：1－7．

[10] 洪开荣，王杜娟，郭如军．我国硬岩掘进机的创新与实践［J］．隧道建设（中英文），2018，38（04）：519－532．

[11] 杜立杰．中国 TBM 施工技术进展、挑战及对策［J］．隧道建设，2017，37（09）：1063－1075．

[12] 贺飞，曾祥盛，齐志冲．大直径硬岩掘进机（TBM）在吉林中部城市引松供水工程四标 TBM3 的应用［J］．隧道建设，2016，36（08）：1016－1022．

[13] 荆留杰，张娜，杨晨．TBM 及其施工技术在中国的发展与趋势［J］．隧道建设，2016，36（03）：331－337．

[14] 吴世勇，周济芳，陈炳瑞，等．锦屏二级水电站引水隧洞 TBM 开挖方案对岩爆风险影响研究［J］．岩石力学与工程学报，2015，34（04）：728－734．

[15] 王宏．水利水电工程中长大斜井（竖井）开挖方法研究［J］．施工组织设计，2005（00）：57－63．

[16] 肖贡元．日本抽水蓄能电站技术的新进展 [J]．水利水电科技进展，2003（01）：61－65．

[17] 刘志强．硬岩掘进机．北京：中国铁道出版社，2019．

[18] 洪开荣．我国隧道及地下工程发展现状与展望 [J]．隧道建设，2015，35（02）：95－107．

[19] 何川．盾构/TBM 施工煤矿长距离斜井的技术挑战与展望 [J]．隧道建设，2014，34（04）：287－297．

[20] 谭青，易念恩，夏毅敏，等．TBM 滚刀破岩动态特性与最优刀间距研究 [J]．岩石力学与工程学报，2012，31（12）：2453－2464．

[21] 肖亚勋，冯夏庭，陈炳瑞，等．深埋隧洞极强岩爆段隧道掘进机半导洞掘进岩爆风险研究 [J]．岩土力学，2011，32（10）：3111－3118．

[22] 孙金山，陈明，陈保国，等．TBM 滚刀破岩过程影响因素数值模拟研究 [J]．岩土力学，2011，32（06）：1891－1897．

[23] 陈炳瑞，冯夏庭，曾雄辉，等．深埋隧洞 TBM 掘进微震实时监测与特征分析 [J]．岩石力学与工程学报，2011，30（02）：275－283．

[24] 吴世勇，王鸽．锦屏二级水电站深埋长隧洞群的建设和工程中的挑战性问题 [J]．岩石力学与工程学报，2010，29（11）：2161－2171．

[25] 李苍松，谷婷，丁建芳，等．TBM 施工隧洞围岩级别划分探讨 [J]．工程地质学报，2010，18（05）：730－735．

[26] 李邵军，冯夏庭，张春生，等．深埋隧洞 TBM 开挖损伤区形成与演化过程的数字钻孔摄像观测与分析 [J]．岩石力学与工程学报，2010，29（06）：1106－1112．

[27] 吴世勇，龚秋明，王鸽，等．锦屏Ⅱ级水电站深部大理岩板裂化破坏试验研究及其对 TBM 开挖的影响 [J]．岩石力学与工程学报，2010，29（06）：1089－1095．

[28] 田雨．考虑岩石围压与损伤的 TBM 盘形滚刀受力的数值模拟分析 [D]．天津大学，2010．

[29] 周小松．TBM 法与钻爆法技术经济对比分析 [D]．西安理工大学，2010．

[30] 严鹏，卢文波，陈明，等．TBM 和钻爆开挖条件下隧洞围岩损伤特性研究 [J]．土木工程学报，2009，42（11）：121－128．

[31] 冷先伦，盛谦，朱泽奇，等．不同 TBM 掘进速率下洞室围岩开挖扰动区研究 [J]．岩石力学与工程学报，2009，28（S2）：3692－3698．

[32] 吴世勇，王鸽，徐劲松，等．锦屏二级水电站 TBM 选型及施工关键技术研究 [J]．岩石力

学与工程学报，2008（10）：2000 – 2009.

[33] 周赛群. 全断面硬岩掘进机（TBM）驱动系统的研究 [D]. 浙江大学，2008.

[34] 茅承觉. 我国全断面岩石掘进机（TBM）发展的回顾与思考 [J]. 建设机械技术与管理，2008（05）：81 – 84.

[35] 尚彦军，杨志法，曾庆利，等. TBM 施工遇险工程地质问题分析和失误的反思 [J]. 岩石力学与工程学报，2007（12）：2404 – 2411.

[36] 吴煜宇，吴湘滨，尹俊涛. 关于 TBM 施工隧洞围岩分类方法的研究 [J]. 水文地质工程地质，2006（05）：120 – 122.

[37] 魏永庆，杜士斌. 大断面超长输水隧洞的施工特点 [J]. 水利水电技术，2006（03）：8 – 11.

[38] 尹俊涛，尚彦军，傅冰骏，等. TBM 掘进技术发展及有关工程地质问题分析和对策 [J]. 工程地质学报，2005（03）：389 – 397.

[39] 刘冀山，肖晓春，杨洪杰，等. 超长隧洞 TBM 施工关键技术研究 [J]. 现代隧道技术，2005（04）：37 – 43.

[40] 尹俊涛. 与 TBM 相关的主要工程地质问题研究 [D]. 中南大学，2005.